TRAITÉ PRATIQUE

DES

OPÉRATIONS SUR LE TERRAIN

TYPOGRAPHIE HENNUYER, RUE DU BOULEVARD, 7. BATIGNOLLES.

Boulevard extérieur de Paris.

TRAITÉ PRATIQUE

DES

OPÉRATIONS SUR LE TERRAIN

COMPRENANT

LES TRACÉS ET LES NIVELLEMENTS

NÉCESSAIRES

À LA CONSTRUCTION DES CHEMINS DE FER, ROUTES ET CANAUX.

PAR A.-F. BRUN.

E. NOBLET, ÉDITEUR

PARIS

Rue Jacob, 20.

LIÉGE

Même Maison.

1860

MONSIEUR A. BARRAULT,

INGÉNIEUR,

CHEVALIER DE LA LÉGION D'HONNEUR.

MONSIEUR,

Vous avez bien voulu prendre ce livre sous votre patronage et vous donner la peine d'en revoir vous-même toutes les épreuves; permettez-moi donc de vous dédier cet opuscule, comme une faible preuve de ma reconnaissance et de mon bien sincère attachement.

A.-F. BRUN.

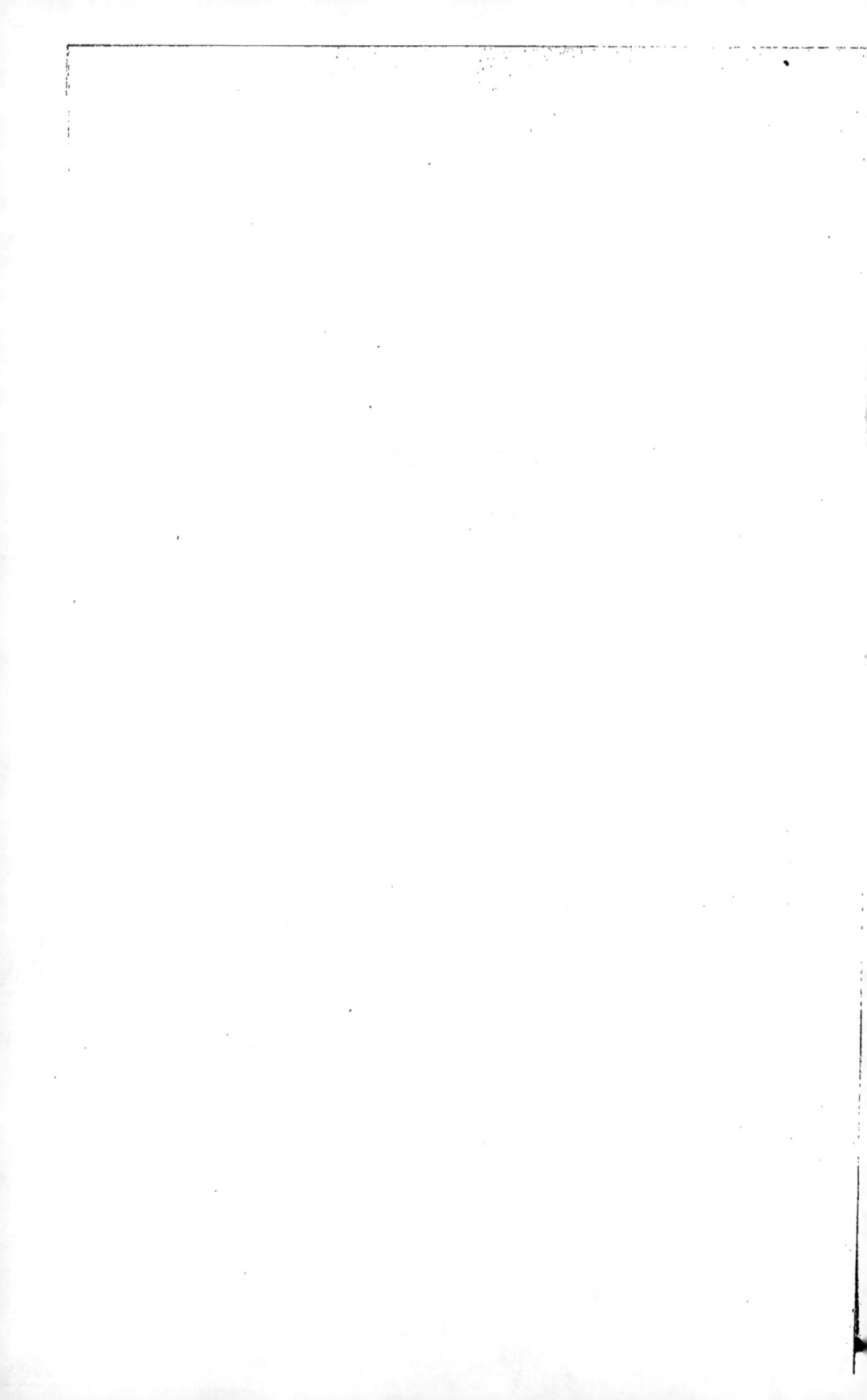

PRATIQUE

DES

OPÉRATIONS SUR LE TERRAIN

PREMIÈRE PARTIE.

INSTRUMENTS EMPLOYÉS POUR LES TRACÉS.

CHAPITRE I.

ALIGNEMENTS.

1. Les **instruments employés** au tracé des alignements sur le terrain varient selon la précision que doit comporter l'opération et l'étendue des lignes à établir; ainsi, pour une opération de détail, un fil à plomb et quelques jalons suffisent, tandis que, pour le tracé d'une ligne droite de plusieurs kilomètres, il est indispensable, si l'on veut obtenir une grande précision, de se servir d'un théodolite (*); le cercle répétiteur (**) doit être également employé pour l'établissement des axes des souterrains et des grands travaux d'art.

2. Fil à plomb. Le fil à plomb est un instrument connu de tout le monde; il diffère cependant de forme suivant les divers usages auxquels il est destiné; ainsi, celui des maçons et des charpentiers diffère totalement de celui que l'on a l'habitude d'employer aux tracés. Ce dernier se compose d'un corps cylindrique en cuivre, terminé par un cône dont le sommet est garni d'acier (*fig.* 1). Au moyen d'un taraudage, la partie inférieure se visse dans une boîte cylindrique en cuivre (cd), que l'on n'enlève que lorsqu'il est nécessaire de se servir de la pointe du plomb.

Le fil (ab) s'introduit dans une tête sphérique (mn), qui se visse à la

---

(*) Du grec θεάομαι δολιχος (je vois de loin).

(**) L'invention de cet instrument est due à Borda; le principe sur lequel est basée sa construction a été émis pour la première fois par Tobie Mayer.

partie supérieure de l'instrument; cette ficelle doit être aussi fine que possible et très-lisse; on emploie ordinairement la mèche de fouet anglais ou bien une cordelette de soie.

3. **Jalons** (*). Les jalons proprement dits varient de dimensions selon le terrain sur lequel on opère. La coupe transversale des jalons ordinaires en bois de sapin est l'octogone inscrit dans un cercle de 0ᵐ,03 de diamètre (*fig.* 2). Leur hauteur est de 1ᵐ,70 à 1ᵐ,80; ces dimensions permettent à un homme de taille ordinaire de les manier facilement, et ils sont en même temps assez solides pour que l'on puisse les planter dans le sol. Les jalons sont généralement ferrés à la partie inférieure, et portent, à la partie supérieure, un trait de scie qui permet d'y fixer un signal en papier ou en carton. Ce signal se plie ordinairement en forme de triangle, que l'on place comme il est indiqué à la figure 3.

4. Dans les opérations de détail qui demandent une grande précision, on se sert avec avantage de jalons plus petits. Ainsi, pour le tracé d'une courbe sur un remblai, pour une pose de voie définitive, etc…, on emploie des jalons de 0ᵐ,015 de diamètre et de 1ᵐ,40 de longueur; ils offrent l'avantage de s'aligner plus facilement que les gros jalons, et l'on peut, avec le même nombre d'aides, en transporter une quantité cinq ou six fois plus considérable. En plaine, ces jalons sont excellents pour détailler de grandes courbes dans un terrain peu résistant.

5. **Balises** (**). Outre les jalons, on emploie, pour marquer les extrémités des alignements, et souvent aussi pour franchir certains obstacles derrière lesquels disparaîtraient les jalons ordinaires, des balises dont les dimensions sont subordonnées aux exigences du tracé. Il a été reconnu par de nombreuses expériences que les couleurs préférables pour peindre les signaux étaient le blanc et le rouge clair; le blanc se voit de très-loin, et, dans les pays couverts, le rouge empêche de confondre la balise avec les objets environnants; c'est pour cette raison que l'on peint ordinairement les balises par zones de 1 mètre, alternativement rouges ou blanches. Quelquefois on peint en noir, sur 0ᵐ,20 de longueur à peu près, l'extrémité supérieure de la balise, de sorte que, dans certaines conditions de lumière, ce point noir se dessine sur le ciel avec plus de vigueur que le reste du signal. Le haut de la balise est souvent garni d'un guidon ou drapeau rouge ou blanc, ce qui permet de distinguer sa position à l'œil nu à une grande distance; quelquefois on

(*) Le mot *jalon* vient du latin *jaculum* (trait).
(**) *Balise* vient du latin *palus*.

remplace le guidon par un ballon d'étoffe de couleur, garni de paille ou de foin, et fixé autour du sommet de la balise. Cette dernière méthode est préférable en ce sens que le repère se trouve toujours très-exactement dans l'axe, tandis que le guidon, flottant au gré du vent, s'écarte presque toujours de la ligne.

6. Pour les études de tracés, les sommets d'angles étant susceptibles de varier, on emploie quelquefois de grands jalons peints, de 4 à 6 mètres de hauteur, fortement ferrés, et que l'on plante simplement dans le sol pendant la durée de l'opération ; on les remplace par des piquets, et plus tard, s'il y a lieu , par des balises définitives dont le pied est maintenu par un massif de maçonnerie, ou fixé dans une borne en pierre de taille, dans laquelle on a pratiqué un encastrement de la forme du pied de la balise, que l'on cale avec des éclisses.

7. Quand les sommets ne sont pas définitivement arrêtés, mais que, néanmoins, pour l'achèvement des opérations, il est nécessaire de laisser les balises en place pendant un certain temps, on peut les fixer sur des patins composés de deux morceaux de bois de 1m,20 à 1m,50 de longueur sur 0m,12 à 0m,15 de largeur, et 0m,05 à 0m,08 d'épaisseur, assemblés en croix ; sur ces patins s'appuient quatre contrefiches, clouées à la balise. La position d'un sommet étant déterminée, on plante autour du point désigné quatre piquets équidistants, sur lesquels on fixe les patins supportant le signal, et dont on a réglé préalablement la hauteur de manière à assurer la position verticale de la balise, que l'on peut ainsi déplacer très-facilement (fig. 6).

8. Les figures 7 et 8 donnent les dimensions et la disposition ordinaire d'un mât d'alignement pour les tracés des souterrains. Ce mât se compose d'une tige de fer maintenue sur un fort chevalet en charpente, entre les moises duquel on peut à volonté la faire mouvoir pour en régler la position d'une manière exacte.

9. **Théodolite** ou **Cercle répétiteur**. Nous nous bornerons à décrire deux de ces instruments; le plus simple et l'un de ceux à la construction desquels on a apporté les plus notables perfectionnements. Les notions que nous donnerons à ce sujet seront suffisantes pour faire comprendre le mode de construction et l'usage de tous les autres.

10. L'instrument représenté par les figures 9, 10 et 11 est le niveau-cercle. En enlevant le support des tourillons (S) et plaçant la lunette immédiatement sur le cercle (C), de manière que l'un des tourillons (T) pénètre dans le trou pratiqué pour l'introduction de la vis (V) ; plaçant

alors sur les collets (L) un simple tube de niveau à bulle d'air, que l'on engage par sa partie inférieure formant chape dans le tourillon de la lunette qui se trouve alors placé verticalement, l'ensemble de l'instrument compose un niveau de précision analogue à celui de Lenoir. Cet instrument présente donc, outre l'avantage de l'économie, celui de réunir, sous un même volume d'un transport extrêmement facile, deux instruments indispensables à l'opérateur.

11. Description du cercle répétiteur. Un cercle répétiteur se compose, en premier lieu, de deux limbes parallèles C et D (*fig.* 12), reliés invariablement entre eux par une tige AB normale à leurs plans, et dont, par conséquent, tous les mouvements sont solidaires. La tige cylindrique AB étant fixée sur le trépied P du cercle (*fig.* 43), de manière qu'elle puisse pivoter sur son axe, on place horizontalement les deux limbes au moyen des niveaux à bulle d'air NN', fixés tous les deux d'équerre sous le cercle supérieur et parallèlement à son plan ; les vis placées à l'extrémité de chaque branche du trépied servent à régler la position des limbes ; on place l'un des niveaux parallèlement à deux de ces vis, et, les tournant simultanément en sens inverse, on cherche à placer horizontalement le niveau qui leur est parallèle. Ce résultat obtenu, on règle le niveau d'équerre au précédent au moyen de la troisième vis, on vérifie la position du premier, et on la rectifie, s'il y a lieu ; puis on s'assure, en retournant le limbe à 180°, s'il se meut dans un plan parfaitement horizontal.

Le limbe supérieur C est gradué le plus ordinairement de 30' en 30', quelquefois de 15' en 15'. Dans le premier cas, on comprend qu'avec un vernier comportant 30 divisions, on pourra apprécier directement la valeur d'un angle à une minute près, et, dans le second, avec une approximation de 30''.

La seconde partie du cercle répétiteur est la lunette (U) se mouvant dans un plan vertical en basculant sur les tourillons T (*fig.* 14) ; le support (S) de la lunette tourne autour de son axe fixé au centre du limbe (C) en entraînant avec lui la lunette et la règle Z portant le vernier, de sorte que tous les mouvements horizontaux de la règle ou de la ligne de foi (F), invariablement fixée au support de la lunette, sont solidaires des mouvements de cette dernière. Ainsi, d'une part, les deux limbes inférieurs peuvent se mouvoir en entraînant avec eux tout le reste du système ; d'autre part, les deux limbes inférieurs étant fixés au trépied par la mâchoire M (*fig.* 10), la lunette peut se mouvoir en entraînant avec elle le vernier qui décrit sur le limbe horizontal tous les angles que décrit l'axe de la lunette, suivant les différentes directions qu'on lui donne.

Le support de la lunette, avec toutes les parties solidaires de ses mouvements, peut être rendu adhérent au disque supérieur (C) au moyen de la mâchoire M' fixée au vernier (*fig.* 14). Supposons qu'il en soit ainsi, et que la ligne de foi soit parfaitement fixée sur le zéro du limbe.

12. **Manière d'opérer avec le cercle.** Dirigeons l'axe de la lunette vers le point A (*fig.* 15), en faisant mouvoir les limbes entraînant avec eux tout le système; l'axe de la lunette, indiqué par la croisée des fils du réticule, étant à peu près dans la direction du point A; fixons les limbes en serrant fortement la vis de la mâchoire M; assurons-nous, par un coup d'œil sur les niveaux, de la position horizontale du limbe, et, au moyen de la vis de rappel X, amenons exactement l'axe de la lunette sur le point visé. Cela fait, desserrant la vis de rappel de la mâchoire M', et dirigeant la lunette, dont le mouvement est alors isolé de celui du cercle, sur le point B, nous obtiendrons l'angle AOB. Fixant de nouveau la lunette à l'ensemble de l'instrument, et faisant mouvoir le cercle jusqu'à ce que l'axe de la lunette revienne dans sa position primitive, c'est-à-dire sur le point A, assurant alors la fixité du limbe au moyen de la mâchoire M, ramenant ensuite la lunette sur le point B, nous aurons ainsi fait parcourir au vernier deux fois l'angle AOB. On peut, de cette manière, répéter un grand nombre de fois l'angle, qui sera obtenu avec d'autant plus d'exactitude que le nombre de répétitions aura été plus grand; car, dans une série de dix observations, je suppose, les erreurs de graduation, d'observation et de lecture se compensent; et divisant par 10 le résultat qui est lu avec autant d'approximation que l'angle simple, la quantité ainsi obtenue sera beaucoup plus rapprochée de la vérité que celle qu'aurait pu produire une seule observation directe.

13. L'emploi de cet instrument exige de grandes précautions et une certaine habitude des opérations : il faut s'assurer si les niveaux sont bien centrés, si la lunette bascule bien dans un plan vertical, et si, lors des mouvements de la lunette, les limbes restent parfaitement immobiles. Il faut que le pied de l'instrument soit planté dans un terrain solide; on doit éviter autant que possible l'interposition des végétaux, tels que les herbes ou les feuilles sèches, entre les pointes du pied et les douilles, ce qui placerait l'instrument sur une couche de matière dont l'élasticité nuirait à l'exactitude de l'opération et le dérangerait infailliblement, pour peu que la station fût prolongée.

Dans les prairies et les terrains mouvants, on doit ne pas trop s'approcher des pieds du cercle, et se tenir autant que possible au milieu de l'espace qui sépare les deux pieds les plus rapprochés de l'opérateur ; il faut absolument empêcher de piétiner autour de l'instrument.

14. Vérification du cercle. Pour s'assurer si les niveaux sont bien centrés, il suffit de les établir dans une direction repérée avec soin, de manière à la retrouver en retournant le niveau bout pour bout, d'amener, au moyen des vis du trépied, la bulle du niveau à son point central. Si, lors du retournement bout pour bout du niveau, la bulle conserve sa position, le niveau est bien centré ; dans le cas contraire, si la bulle monte vers la droite, par exemple, c'est que ce côté du niveau est plus élevé que l'autre, il faut le baisser de la moitié de la différence observée, remettre de niveau au moyen des vis de support, retourner à 180°, et continuer ainsi, par tâtonnements, jusqu'à ce que la bulle reste parfaitement au milieu du tube, dans les deux positions indiquées.

15. Pour s'assurer si la lunette bascule bien dans un plan vertical, le limbe étant de niveau, on fait suspendre à quelque distance de l'instrument un fil à plomb sur lequel on dirige l'axe de la lunette ; pendant tout son mouvement de bascule, la croisée des fils du réticule ne doit pas abandonner la direction du fil à plomb ; s'il en était autrement, cela proviendrait, ou des fils du réticule qui ne seraient pas parfaitement dans l'axe, ou des supports des tourillons ; dans le premier cas, on règle les fils du réticule au moyen de la clef carrée qui s'introduit comme une clef de montre, aux extrémités des deux diamètres de la lunette, et communique par quatre petites vis avec le disque du réticule, que l'on peut ainsi diriger en desserrant ou resserrant les petites vis de pression qui le maintiennent (*fig.* 16).

Ainsi, pour la lunette du niveau-cercle, on la place sur le limbe même, on la dirige vers un point éloigné, sur une règle graduée ou une mire placée à une grande distance, on remarque à quelle hauteur correspond, sur cette mire, le fil horizontal du réticule ; puis on retourne la lunette sens dessus dessous, et si le fil horizontal couvre la marque de l'observation précédente, c'est qu'il est bien dans l'axe de la lunette. Dans le cas contraire, on le règle au moyen des vis de pression, en ayant toujours soin de desserrer la vis du côté de laquelle doit s'opérer le mouvement, avant de serrer la vis opposée.

16. Quand les mouvements de bascule sont dérangés par suite d'une légère déviation dans la direction des supports de la lunette, des vis

latérales permettent, dans les bons instruments, de régler la position de ces supports; si cette déviation est due à un accident quelconque, ou à l'usure par frottement inégal des tourillons, l'instrument exige une réparation immédiate; toute opération faite dans ces conditions étant nécessairement entachée d'erreur, vu l'impossibilité d'avoir ainsi des angles réduits à l'horizon.

17. L'instrument représenté par la figure 17 est un des cercles les plus complets; comme la plupart des instruments de ce genre, ce cercle est muni d'une seconde lunette L' se mouvant avec les limbes et tournant au moyen d'un collet à genouillère autour de l'axe de l'instrument. Cette lunette de repère dirigée sur un point fixe, quand les limbes sont arrêtés, indique nécessairement à l'opérateur, soit en se dérangeant de l'alignement, soit en restant parfaitement dans la direction qui lui a été donnée, si les limbes ont fait un mouvement pendant la durée de l'opération, ou s'ils sont restés immobiles.

Les verniers sont munis d'un écran E ainsi que d'une loupe mobile autour d'une double charnière; comme, par ce moyen, on parvient à rendre appréciables de très-petites divisions du limbe, il est indispensable que les mouvements puissent s'effectuer par degrés insensibles et sans secousses; c'est pour cette raison qu'au vernier V est adaptée une vis de rappel dont la mâchoire M s'arrête au moyen d'une vis de pression qui la fixe au limbe; quand, à l'œil, on a arrêté approximativement la position des lignes de foi, la vis de rappel achève de régler la position de l'instrument.

Le principal perfectionnement introduit dans cet instrument consiste en l'addition de la planchette en cuivre PP' (fig. 18).

La planchette se fixe sur un pied portant à sa partie supérieure un disque en bois percé en son milieu d'un trou rectangulaire correspondant à celui de la planchette, et de trois trous cylindriques destinés à recevoir les trois goujons GG'G", que l'on arrête en dessous de ce disque au moyen de rondelles en cuivre et d'écrous. L'instrument se fixe au plateau supérieur de la planchette par un bouton B s'engageant dans le ressort R (fig. 19 et 20), et s'appuie sur les trois vis VV'V".

Le bouton B se visse à la partie inférieure de l'instrument, et exactement dans son axe; il est creux et traversé par un fil auquel on suspend un plomb semblable à celui qui se trouve représenté à la figure 1; le fil traverse le trou rectangulaire pratiqué dans la planchette et pend entre les pieds de l'instrument, de telle manière, qu'au moyen des vis de rappel de la planchette, on puisse l'amener exactement sur le point qui doit servir de centre de station (ordinairement une pointe de Paris enfoncée dans un piquet). Ainsi, au moyen de cette planchette, l'instrument étant à peu près placé au-dessus du centre de station, il devient facile d'en régler la position sans déranger le pied du cercle et sans tâtonnements, opération qui, avec les autres instruments, est très-longue et exige beaucoup de soins.

18. Supposant le centre de station repéré par une pointe plantée sur la tête d'un piquet : pour mettre le cercle en station, l'opérateur placera le pied du cercle de telle manière que chacune de ses pointes soit à peu près à égale distance du piquet ; il s'assurera si la partie supérieure de ce pied est à peu près horizontale, fera passer un fil à plomb par l'évidement rectangulaire, pour voir à quelle distance ce fil passerait du point de repère, et modifiera en conséquence la position du pied dont il enfoncera solidement les branches dans le sol.

Le pied étant placé de telle façon qu'il soit possible, au moyen des vis de rappel de la planchette, d'amener l'instrument au-dessus du centre de station, on fixe la planchette sur le pied en introduisant les trois goujons dont elle est armée dans les trous pratiqués à la partie supérieure du disque en bois (*fig.* 21), plaçant les rondelles, et serrant le tout au moyen des écrous (*fig.* 20).

Alors on introduit dans le bouton B un fil à plomb, que l'on a préalablement fait passer par l'évidement rectangulaire de la planchette, on visse le bouton à la partie inférieure de l'instrument, et l'on en introduit la gorge entre les deux branches du ressort d'acier R (*fig.* 19 et 20) ; les vis VV'V'' donnent à ce ressort la tension nécessaire pour bien fixer l'instrument, et pénètrent par leurs extrémités dans de petites cavités sphériques pratiquées dans le plateau supérieur de la planchette. L'opérateur doit alors régler, à peu près horizontalement, le limbe supérieur au moyen des deux niveaux à bulle d'air ; puis, en agissant sur les deux vis de rappel de la planchette, amener le fil à plomb exactement au-dessus du centre de station. La position de l'instrument étant exacte, on rectifie l'horizontalité du limbe, on fixe exactement les verniers à zéro, au moyen des loupes et des vis de rappel, puis on vise les points de direction donnés, comme nous l'avons indiqué plus haut. L'axe de la lunette étant parfaitement fixé sur le point A (*fig.* 15), nous arrêterons solidement les limbes et dirigerons la lunette de repère placée sous le cercle, vers un point remarquable situé à une grande distance. Nous ferons mouvoir, comme il a été expliqué, la lunette et le vernier, puis nous nous assurerons en regardant dans la lunette de repère si, pendant cette opération, les limbes n'ont fait aucun mouvement. L'opération se continue comme nous l'avons indiqué pour le niveau-cercle, et en observant les mêmes précautions ; seulement, à cause du poids considérable de l'instrument, il pourrait se faire qu'un des pieds s'enfonçât plus profondément dans le sol que les autres, et dans ce cas l'axe de l'instrument ne se trouverait plus au-dessus du centre de station, ce dont la direction du plomb avertirait l'opérateur ; il faudrait alors rectifier immédiatement la position du cercle et recommencer l'opération.

CHAPITRE II.

CHAINAGES.

19. Les instruments de chaînage les plus usités sont : la chaîne d'arpenteur, le décamètre en ruban d'acier, la roulette ou ruban de fil.

20. Chaîne d'arpenteur. La chaîne d'arpenteur (*fig.* 22) se compose d'une série de chaînons reliés entre eux, sur une longueur de 10 mètres, par des anneaux en fer écartés de centre en centre de $0^m,20$. Tous les mètres, l'anneau de fer est remplacé par un anneau de cuivre ; le milieu du décamètre est marqué par un anneau portant une petite fiche. La chaîne d'arpenteur est terminée par deux poignées en fer, qui sont comprises dans la longueur totale de la chaîne (*fig.* 22 et 23).

A cette chaîne est joint un jeu de onze fiches ; ce sont des morceaux de fil de fer de $0^m,004$ de diamètre, sur une longueur variable de $0^m,35$ à $0^m,40$. Ces fiches sont recourbées à la partie supérieure, de manière à former un anneau de $0^m,03$ à $0^m,04$ de diamètre, comme l'indique la figure 24.

21. Décamètre en ruban d'acier. Le décamètre en ruban d'acier (*fig.* 25) se compose d'un ressort d'acier bleu, terminé par deux poignées en cuivre assemblées comme l'indique la figure 26.

De $0^m,20$ en $0^m,20$ sont disposés de petits disques en cuivre de $0^m,008$ de diamètre, rivés sur la chaîne. De $0^m,10$ en $0^m,10$ le ruban d'acier est percé d'un trou de $0^m,002$ de diamètre, et de mètre en mètre il porte un disque en cuivre de $0^m,015$. Le milieu de la chaîne est indiqué par un losange de cuivre. Il est évident qu'un semblable instrument, composé d'une seule pièce, est beaucoup plus parfait que la chaîne d'arpenteur, dont les anneaux peuvent s'ouvrir en tirant dessus, les chaînons se ployer, les boucles des chaînons se nouer pendant le chaînage : toutes circonstances qui entraînent de notables variations dans la longueur de la chaîne, et, par suite, multiplient les chances d'erreur. La chaîne se règle très-exactement au moyen de la vis placée en *a* (*fig.* 26); l'écrou de cette vis se monte ou se baisse de manière à l'allonger ou à la raccourcir, selon les rectifications qu'exige la vérification de l'instrument. Les poignées sont percées, dans le sens de leur longueur, d'un trou demi-cylindrique dans lequel on introduit la fiche de manière à obtenir plus de précision dans le chaînage; le trou percé en B sert à passer le fil à plomb, quand on est obligé de mesurer en tenant la chaîne au-dessus du sol.

22. Roulette. La roulette se compose d'un ruban de fil de 10 mètres de longueur, divisé de centimètre en centimètre. Ce décamètre est contenu dans une boîte cylindrique en cuir ou en métal, autour de l'axe de laquelle s'enroule intérieurement la tresse (*fig.* 27).

Cet instrument est le moins parfait de tous ceux que l'on emploie pour les chaînages, la nature même de sa composition lui donnant une certaine élasticité, et le soumettant aux influences hygrométriques. Cependant, vu la facilité avec laquelle il se transporte, on en fait un fréquent usage, mais seulement pour les opérations peu importantes.

23. Précautions à prendre pour les chaînages. L'exactitude d'un chaînage dépend surtout des précautions prises pour l'exécuter ; ainsi, il faut que l'alignement sur lequel doit s'opérer le chaînage soit suffisamment jalonné pour qu'on puisse le suivre sur toute l'étendue que l'on doit mesurer ; il faut également que la chaîne soit tenue aussi horizontalement que possible et bien tendue ; que les fiches soient exactement placées aux extrémités de la chaîne ; qu'il soit tenu un compte exact des longueurs chaînées, etc.

24. Vérification de la chaîne. Avant de faire usage d'une chaîne, il est indispensable d'en vérifier la longueur. Voici l'un des moyens employés avec avantage pour cette vérification : on s'assure, au moyen d'un mètre étalon que l'on présente sur une mire lectrice de 4 mètres de longueur (en en marquant les extrémités avec deux aiguilles très-fines), de l'exactitude de cette mire ; puis on porte, soit sur un dallage, soit sur les bahuts d'un pont, soit sur les tablettes de couronnement d'un mur, deux fois la longueur de cette mire ; à ces 8 mètres on ajoute 2 mètres, soit avec cette même mire, soit au moyen du mètre étalon ;

on vérifie le résultat en recommençant en sens inverse, on marque les deux extrémités avec un ciseau, et l'on obtient ainsi une longueur exacte de 10 mètres qui sert à vérifier la chaîne toutes les fois que l'on a une opération à faire avec soin.

25. Certains opérateurs ayant remarqué que la flexion de la chaîne en son milieu, lorsque le chaînage ne peut se faire directement sur le sol, donne, dans la longueur totale, une diminution de quelques millimètres, ont l'habitude, en réglant leur chaîne, de lui donner quelques millimètres de longueur en plus. Il est certain que dans un chaînage les erreurs tendant généralement à donner un résultat plus grand que la vérité, il est préférable, pour s'en approcher le plus possible, d'avoir un peu plus de longueur dans la chaîne. Si, par exemple, la chaîne fléchit en son milieu de $0^m,10$, elle devient trop courte de $0^m,002$; on pourrait donc, à la rigueur, donner à la chaîne quelques millimètres de longueur en plus ; cependant, cela ne se fait pas ordinairement, la seule manière de planter la fiche pouvant donner à chaque coup de chaîne une erreur dans un sens ou dans un autre, supérieure de beaucoup à celle qui proviendrait de la flexion de la chaîne. Il devient donc à peu près inutile, sauf les cas extrêmes, de chercher à la rectifier en réglant l'instrument.

26. **Opération du chaînage.** Pour exécuter un chaînage, après la vérification de la chaîne, on s'assure si le jeu des fiches est complet ; alors chacun des chaîneurs prend une des poignées de la chaîne ; l'un tient solidement l'extrémité de la chaîne au point de départ, l'autre marche en avant, tenant d'une main la chaîne, et de l'autre le paquet de fiches. Lorsque la chaîne est bien tendue, sans nœuds, et placée aussi horizontalement que possible, le chaîneur qui se trouve au point de départ aligne son compagnon, et, quand la direction est exacte, celui-ci plante sa fiche à l'extrémité de la chaîne, en ayant soin de la tenir bien verticale en l'enfonçant dans le sol. Cela fait, les deux chaîneurs s'avancent de dix mètres ; celui qui marche le second place sa chaîne contre la fiche qui vient d'être posée, prenant soin de ne pas la déranger, aligne de nouveau son compagnon, et n'enlève la première fiche que lorsque ce dernier a planté la deuxième à l'extrémité de la chaîne. L'opération continue ainsi jusqu'à ce que le chaîneur qui marche le dernier se trouve avoir en main dix fiches ; à ce moment, l'opérateur marque sur son carnet la première centaine ; le deuxième chaîneur remet à celui qui marche devant les dix fiches relevées, et se transporte alors seulement au point marqué par la onzième fiche. L'opération continue ainsi

en se réglant sur le nombre de fiches relevées par le chaîneur qui marche le dernier.

27. On se sert de onze fiches afin d'avoir toujours un point de départ bien déterminé ; car, s'il n'y avait que dix fiches dans le jeu, à chaque hectomètre il arriverait que, remettant le jeu de fiches tout entier à celui qui marche en avant, le deuxième chaîneur serait obligé, pour se guider, de marquer avec plus ou moins d'exactitude l'emplacement de la dernière fiche enlevée, qu'il vient de remettre avec les autres à son compagnon. Cette indétermination du point de départ à chaque hectomètre augmenterait les chances d'inexactitude du chaînage. L'opérateur doit tenir un compte très-exact du nombre de fiches relevées par le chaîneur qui marche le second ; celui-ci, toutes les fois qu'il a dix fiches en main, doit en avertir l'opérateur, et ne doit se porter à la onzième fiche que lorsqu'il a été pris note de l'hectomètre chaîné.

28. Si l'on se sert de la chaîne à ruban d'acier, la fiche s'introduit dans la poignée, comme il est indiqué à la figure 28 ; si l'on se sert de la chaîne d'arpenteur, le chaîneur qui marche en avant plante toujours sa fiche en dedans de la poignée, de telle sorte que cette fiche ne puisse être dérangée en tendant la chaîne ; celui qui marche en arrière place la poignée en avant de la fiche et la maintient solidement, soit avec les deux mains, soit en appuyant le poignet contre la jambe, s'il ne tient la chaîne que d'une seule main (*fig.* 29) ; dans ce cas, il faut qu'il pose le pied contre la fiche et qu'il prenne les plus grandes précautions pour ne pas la déranger.

29. Si, dans le chaînage, on rencontre un terrain tel que l'on soit obligé de tenir l'une des poignées de la chaîne à une certaine hauteur au-dessus du sol (*fig.* 30), le chaîneur qui se tient à l'extrémité de la chaîne éloignée du sol se place parallèlement à la direction de l'alignement, de manière qu'en se penchant, soit en avant, soit en arrière, il ne puisse faire varier le degré de tension de la chaîne qu'il tient avec force et aussi horizontalement que possible dans une main, pendant qu'il présente, de l'autre, à son compagnon, un fil à plomb qui passe par l'évidement cylindrique pratiqué au milieu de la poignée. Celui-ci dirige les mouvements de son camarade jusqu'à ce que le fil à plomb soit parfaitement dans l'alignement ; il l'avertit alors et s'assure de la tension de la chaîne. La pointe du plomb abandonné à lui-même lors du signal marque sur le sol la position que doit occuper la fiche.

30. Souvent aussi on se sert d'une fiche-plomb construite comme l'in-

dique la figure 31. On tient cette fiche contre la poignée de la chaîne, et l'un des chaîneurs la fait placer exactement dans la direction de l'alignement. Quand la chaîne est bien tendue horizontalement, l'opérateur, qui tient légèrement entre deux doigts l'extrémité A de la fiche, la laisse tomber, et le trou qu'elle fait dans le sol indique le point où l'on doit planter la fiche ordinaire.

31. Quand les deux extrémités de la chaîne sont au-dessus du sol, par suite de la rencontre d'un obstacle (*fig.* 32), l'un des chaîneurs, muni d'un fil à plomb, le tient aussi exactement que possible au-dessus de la fiche qui lui sert de point de départ; l'autre, une fois placé dans l'alignement par son camarade, tend la chaîne aussi horizontalement que possible, en tenant la fiche-plomb contre la poignée, et laisse tomber cette fiche à l'avertissement qui lui est donné par l'autre chaîneur, qui crie : Bon ! quand il est lui-même bien placé. On marque le point où la fiche est tombée, et on recommence l'opération pour la vérifier.

32. Quand la pente du terrain est telle qu'il soit impossible de tenir la chaîne horizontale sur une longueur de 10 mètres, on chaîne partiellement cette longueur, mais, autant que possible, en développant successivement la chaîne jusqu'à ce que l'on en ait atteint l'extrémité, afin d'éviter les erreurs d'addition. Supposons que, dans un coteau, la première distance chaînée (AB, *fig.* 33) soit 2 mètres, le chaîneur qui marche le second, pour mesurer BC, prendra la chaîne à 2 mètres; si la longueur BC est égale à 3 mètres, il prendra la chaîne à 5 mètres pour mesurer la distance CD; enfin, le reste du chaînage CD, s'il y en a, sera reporté de D en E, où aboutit la poignée de la chaîne.

33. Par suite de la rencontre d'un obstacle près duquel on ne peut arriver par un nombre exact de décamètres, et dont la largeur est telle que, depuis la dernière fiche A (*fig.* 34), on ait plus de 10 mètres pour atteindre l'autre côté de l'obstacle, on est quelquefois obligé de chaîner la longueur AB, puis, partant du point B, de mesurer entre ce point et le point C une longueur de 10 mètres. A partir du point C, on reportera immédiatement une longueur de 10 mètres, moins la longueur chaînée de A en C; on retirera une fiche au chaîneur qui marche le dernier, pour la rendre à son camarade, et on continuera le chaînage comme à l'ordinaire.

34. En un mot, on doit simplifier autant que possible les opérations pour éviter les chances d'erreur, vérifier plusieurs fois les chaînages dans les points difficiles, surveiller attentivement ses aides, et, au be-

soin, prendre soi-même la chaîne. Quand on voudra s'assurer de l'exactitude d'un chaînage, il faudra le refaire dans le sens inverse de l'opération précédente.

CHAPITRE III.

DES GONIOMÈTRES (*).

35. Cercle répétiteur. Cet instrument a été classé au nombre de ceux qui sont employés pour le tracé des alignements, et décrit au chapitre premier.

36. Graphomètre (**). Le graphomètre est un instrument beaucoup moins parfait que le cercle, et qui ne peut être employé que pour les opérations qui ne demandent pas une très-grande précision. Il se compose (*fig.* 35) d'un demi-cercle divisé ordinairement de 30′ en 30′; la ligne de foi FF′, formée par le diamètre, et l'alidade ou règle mobile AB, qui tourne autour du centre O, portent à leurs extrémités de petits châssis en cuivre ou pinnules, partagés dans le sens de leur hauteur par un fil très-fin, qui sert à diriger les rayons visuels. L'alidade porte, en outre, un vernier qui, comme celui du cercle répétiteur, s'applique sur le limbe et permet d'apprécier directement les angles avec une approximation qui varie selon sa graduation et les dimensions de l'instrument. Les graphomètres portent ordinairement une petite boussole enchâssée dans leur limbe, et qui sert à déterminer l'orientation des points que l'on observe. Ils sont supportés par un pied à trois branches (*fig.* 36), qui se fixe dans une douille à genouillère D (*fig.* 35).

37. Vérification. On rectifie les pinnules en les retournant bout pour bout; quant à la graduation, on fait, pour la vérifier, un tour d'horizon en dirigeant successivement les rayons visuels sur des points apparents faciles à retrouver, A, B, C, D, F (*fig.* 37), et inscrivant les angles lus à chaque observation; on recommence en partant d'un point différent du premier; la somme des angles observés, divisée par 2, doit donner un total de 360°.

Cet instrument n'étant généralement pas employé pour les tracés importants, et son usage ne présentant aucune difficulté, il devient inutile d'entrer à son sujet dans de plus longues explications.

(*) De γωνία μέτρον (mesure d'angle).
(**) De γράφω μέτρον (j'écris mesure).

38. Equerre d'arpenteur. L'équerre d'arpenteur (*fig.* 38) est un solide creux en cuivre, affectant ordinairement la forme d'un prisme ayant pour base un octogone régulier. Les dimensions de cet instrument varient de $0^m,06$ à $0^m,10$ de hauteur ; à chaque face de l'octogone est pratiquée une fente dans le sens de la hauteur ; quelquefois ces pinnules occupent toute la longueur sur quatre faces d'équerre, et la moitié seulement sur les quatre autres ; l'autre moitié est occupée par une fenêtre rectangulaire, partagée en deux par un crin qui sert à fixer les rayons visuels. Les pinnules sont terminées aux deux extrémités par deux petits trous ronds appelés fenêtres rondes.

L'équerre d'arpenteur s'adapte au moyen d'une douille D (*fig.* 38) à l'extrémité d'un bâton de frêne fortement ferré à la partie inférieure, de manière à pouvoir facilement l'enfoncer dans le sol ; ce bâton d'équerre affecte généralement la forme indiquée à la figure 39 ; ses dimensions sont à peu près de $1^m,40$ de hauteur sur $0^m,035$ de diamètre à la partie moyenne ; il doit être parfaitement dressé, et la douille doit être fixée solidement. Le bâton d'équerre s'enfonce dans le sol par plusieurs coups successifs, en agrandissant à chaque coup l'ouverture pratiquée par la pointe ; on frappe bien d'aplomb le dernier coup, puis, présentant le fil à plomb sur deux faces d'équerre, on s'assure que le bâton est bien planté verticalement. On place alors l'équerre, en ayant soin de s'assurer, en se portant un peu en arrière, que les pinnules sont dans la verticale passant par l'axe du jalon. La douille D de l'équerre peut se dévisser et se placer dans l'intérieur de l'instrument par l'ouverture B (*fig.* 38).

39. Vérification. Pour vérifier une équerre, on plante à 40 ou 50 mètres un jalon dans un alignement déterminé par la direction de deux pinnules de l'équerre, puis un autre dans la direction déterminée par les pinnules formant angle droit avec les premières ; on fait ensuite tourner l'équerre de manière que le diamètre dirigé vers le premier jalon se trouve dans la direction du deuxième ; alors le diamètre qui se trouvait dans la direction du deuxième jalon doit avoir remplacé l'autre, et le premier jalon doit se trouver dans l'axe des pinnules. On renouvelle plusieurs fois cette opération, et si les diamètres se remplacent exactement, c'est une preuve de l'exactitude de l'équerre.

40. Emploi de l'équerre d'arpenteur. Les opérations que l'on peut faire avec l'équerre sont de deux sortes : ou bien l'on veut par un point donné élever une perpendiculaire à une ligne que l'on parcourt ; ou bien on veut abaisser sur cette ligne une perpendiculaire passant par un point pris en dehors. Dans le premier cas, on dirige l'un des diamètres AB (*fig.* 40) sur les points d'alignement que l'on doit suivre ; l'autre diamètre CD trace perpendiculairement à la ligne passant par ces points une ligne que l'on fait jalonner à la manière accoutumée.

41. Dans le second cas, on parcourt avec l'équerre une partie de l'alignement sur lequel doit être abaissée la perpendiculaire, en dirigeant un des diamètres vers les points qui le déterminent.

On s'est d'abord placé approximativement vers le point où la perpendiculaire doit rencontrer la ligne donnée ; si, lors de la première observation, le diamètre perpendiculaire à AB (*fig.* 41) passe à droite du point P, il faut juger à peu près de quelle quantité on doit se reporter vers la gauche pour que la perpendiculaire passe par le point P, puis on reporte l'équerre de cette quantité vers la gauche. La seconde observation donne pour résultat une ligne qui passe ou à droite ou à gauche du point P ; on rectifie de nouveau la position de l'équerre par une suite de tâtonnements, jusqu'à ce qu'enfin, de deux diamètres perpendiculaires de l'équerre l'un se trouvant exactement dans la direction de l'alignement, l'autre passe par le point donné.

42. Il arrive quelquefois que la nature du sol empêche d'enfoncer le pied de l'équerre, soit que l'on se trouve sur un terrain rocailleux, soit que l'on opère dans une ville ou sur les trottoirs d'un pont. Dans le premier cas le point où doit être plantée l'équerre étant déterminé, on y place la pointe du bâton que l'on maintient dans la position verticale au moyen de deux pierres seulement, en ayant soin de les placer comme l'indique la figure 42 ; c'est le meilleur moyen de fixer le pied d'équerre, tout en s'assurant qu'il ne varie pas de la position que doit occuper sa pointe.

43. Dans les autres cas, lorsque l'on est à proximité des chantiers, on peut planter l'équerre dans un seau rempli de sable, que l'on fait mouvoir à volonté le long de l'alignement sur lequel on veut opérer. La position de l'équerre étant trouvée, on la repère au moyen de trois ou quatre points d'une circonférence tracée autour du bâton comme centre ; de sorte que, le seau étant enlevé, on puisse faire passer par ces repères une circonférence dont le centre corresponde exactement à la position qu'occupait l'équerre.

44. **Équerre graduée.** On emploie assez souvent sur les travaux un goniomètre de petite dimension que l'on nomme *équerre graduée.* Cet

instrument se compose d'un cylindre en cuivre divisé en deux parties, *mn* et *np* (*fig.* 43); la partie inférieure *np* est graduée de degré en degré : elle se fixe sur une douille (S), que l'on place à l'extrémité d'un bâton semblable à celui que l'on emploie pour l'équerre d'arpenteur (*fig.* 39).

La partie supérieure porte un vernier gradué pour obtenir les angles avec une approximation de deux minutes, approximation sur laquelle, vu l'imperfection due aux petites dimensions de l'instrument, on ne doit cependant pas compter. A 0° et 180° de la graduation correspondent, sur un cylindre inférieur, une pinnule et une fenêtre qui servent à diriger les rayons visuels sur l'un des côtés de l'angle à mesurer ; cela fait, au moyen de la vis V, portant un pignon qui correspond à une roue dentée fixée au cylindre supérieur, on imprime à ce dernier un mouvement circulaire qui permet de diriger vers l'autre côté de l'angle à mesurer la pinnule correspondant à zéro du vernier. L'angle se lit alors directement sur le cylindre inférieur.

Pour que cet instrument puisse remplacer l'équerre d'arpenteur, le cylindre supérieur est percé de deux pinnules et de deux fenêtres placées aux extrémités A, B, C, D, de deux diamètres à angle droit. Vu la grosseur du crin qui sert à fixer les rayons visuels, et surtout vu le petit diamètre du cylindre, on ne peut compter sur la précision de cet instrument ; aussi ne doit-on l'employer que pour tracer ou mesurer des angles dont les côtés sont très-courts.

Cet instrument, pouvant servir à relever quelques angles dans les opérations de détail, et rendant en outre les mêmes services que l'équerre d'arpenteur, remplace avec avantage ce dernier instrument ; mais, quand on doit tracer ou mesurer un angle avec exactitude, il est toujours préférable de le faire au moyen d'un chaînage, comme il est expliqué dans le chapitre traitant du tracé des courbes, ou bien au moyen du graphomètre ou du cercle répétiteur.

45. Boussole. La boussole est un instrument dont on se sert très-rarement pour les tracés, et dont l'usage est presque exclusivement borné dans les opérations à certains levés de détails. On doit éviter de s'en servir trop près des habitations, n'en point approcher des objets en fer qui puissent influencer la direction de l'aiguille, faire en sorte qu'elle soit parfaitement libre dans la boîte, en tenant celle-ci aussi horizontalement que possible, de manière que l'aiguille ne porte que sur son pivot.

Les erreurs de lecture sont plus fréquentes avec cet instrument qu'a-

vec tous les autres, et l'approximation avec laquelle on peut obtenir un angle ne dépasse pas un demi-degré. D'une part, l'aiguille aimantée est soumise à des influences magnétiques qui en font varier continuellement la position dans certaines limites, suivant les localités, les saisons et même les heures du jour et de la nuit (*). Dans nos contrées, c'est vers huit heures un quart du matin que l'aiguille est le plus près d'être tournée vers le nord, et son plus grand écartement a lieu vers une heure trois quarts du soir ; il résulte déjà de ce fait que les observations comportent une chance d'erreur due aux variations horaires, et que cette chance d'erreur peut être évaluée à un quart de degré. D'autre part les dimensions de l'instrument employé aux opérations ne permettent d'évaluer les angles qu'à 15′ près ; car, en supposant au limbe un diamètre de 0^m,15, ce qui est la dimension maxima de ces instruments, le développement de l'axe correspondant à 15′ serait à peu près 0^m,00033 ou 1/3 de millimètre. L'interposition d'un verre, l'écartement de l'aiguille, l'éloignement et la position plus ou moins oblique de l'œil de l'observateur par rapport à l'aiguille et au plan du limbe, etc., ne permettent pas de lire les angles avec une plus grande approximation. Ces causes d'erreur réunies font donc qu'il est impossible de compter sur l'exactitude d'un angle relevé à la boussole, à moins d'un demi-degré d'approximation.

46. **Description.** La boussole employée pour mesurer les angles (*fig.* 44) se compose d'un limbe gradué de 1/2 en 1/2 degré, d'une aiguille aimantée, mobile autour du centre de ce limbe, au-dessus duquel elle est suspendue, au moyen d'une chape ordinairement en cornaline, et d'un pivot sur la pointe duquel porte le fond de la chape. Le tout est contenu dans une boîte rectangulaire recouverte d'une vitre et portant sur l'un de ses côtés, parallèlement au diamètre du limbe servant de ligne de foi, une alidade en bois ou une lunette, mobile autour d'un pivot qui lui permet de basculer dans un plan perpendiculaire à celui du limbe. Les boussoles les plus parfaites portent en outre, sur deux des côtés à angle droit de la boîte, deux niveaux à bulle d'air qui permettent de placer le limbe horizontalement.

Afin d'empêcher le pivot et la chape de s'user par un trop grand frottement, quand on ne fait pas usage de l'appareil, on a adapté à la boîte un petit mécanisme très-simple, par lequel, lorsque la boîte est fermée, l'aiguille est soulevée par-dessous la chape et fixée contre le verre qui couvre l'instrument.

(*) De 8′ à 16′ à Paris.

47. Emploi. Sauf quelques variations dues aux influences du magnétisme terrestre, l'aiguille de la boussole tendant constamment à se placer dans des directions sensiblement parallèles, il en résulte qu'un plan étant décliné, c'est-à-dire, la direction de la boussole étant repérée sur ce plan par rapport à une base, il suffira, ayant un point d'une droite, de connaître l'angle que fait cette droite avec la direction de l'aiguille, pour que la position de cette droite soit déterminée.

Ainsi, la ligne DD' (*fig.* 45) indiquant sur le plan la direction de l'aiguille aimantée par rapport à la base BC, le point A étant rattaché à cette base ; si par ce point on a observé sur le terrain une droite AL formant avec la direction de la boussole un angle d'un certain nombre de degrés, 25°, par exemple, on fera, par le point *a* du plan, passer une parallèle *ap* à DD', on appliquera sur cette ligne, en prenant le point *a* pour centre, la graduation du rapporteur correspondant à 25°, et le diamètre servant de base à cet instrument indiquera sur le plan la direction *al* de la ligne observée, ou, autrement dit, celle de la ligne de foi de la boussole, lors de l'observation de l'angle LAP. Ainsi, ce diamètre doit toujours se placer dans la même direction, par rapport à la déclinaison du plan, que la ligne de foi par rapport à l'aiguille. Quand la graduation observée dépasse 180°, il est bon, pour suivre toujours le même principe, de retourner simplement le rapporteur, à l'envers duquel on a indiqué les graduations, depuis 180° jusqu'à 360° ; on applique sur la ligne *ap* la graduation lue, et le diamètre de base du rapporteur donne alors la direction de la ligne observée.

48. Comme on le voit, cet instrument peut être employé à tracer sur le terrain des lignes parallèles à une direction donnée ; il suffit pour cela d'observer exactement l'angle que fait cette direction avec l'aiguille aimantée ; quand la boussole est en station sur un autre point, et que la ligne de foi et l'aiguille forment le même angle que celui qui a été lu, le rayon visuel dirigé par l'axe de l'alidade ou de la lunette trace une parallèle à la direction observée. On comprend facilement, d'après cela, de quelle manière cet instrument peut quelquefois être utilisé pour les commencements d'attaque des galeries souterraines ; mais on ne doit l'employer que pour donner des points provisoires et avec de grandes précautions, en n'opérant que sur une très-petite étendue, et jusqu'à ce que l'avancement soit assez grand pour permettre l'emploi du cercle répétiteur ; car, à certaine distance, les chances d'erreur deviendraient par trop considérables. Il faut bien avoir soin, en se servant de

cet instrument, de faire sortir des galeries les barres à mines, les pinces, chaînes de bennes, etc..., en un mot tous les objets en fer dont la masse pourrait avoir une influence sur la direction de l'aiguille.

49. On se sert avec avantage de la boussole pour lever les contours d'un polygone dont on relève les angles tout en chaînant le périmètre; cette opération étant circonscrite et donnant un bon moyen de vérification par la fermeture du polygone, il est presque toujours bon, pour accélérer l'opération, de se servir de cet instrument; car il se met facilement en station, il est commode à transporter, et n'oblige, pour chaque angle, qu'à observer un seul alignement.

Néanmoins, cet instrument ne pouvant donner pour les tracés une aussi grande précision que le théodolite répétiteur, il est assez rare que l'on en fasse usage sur les travaux, c'est pourquoi nous n'entrerons pas dans de plus amples détails.

DEUXIÈME PARTIE.

TRACÉ DES ALIGNEMENTS.

---

50. Un alignement est *déterminé* sur le terrain quand deux de ses points sont donnés; on le dit *tracé* quand un certain nombre de ses points sont indiqués soit par des jalons, soit par des piquets.

51. Un alignement peut être déterminé par deux points situés en avant de l'opérateur, deux balises bien verticales, par exemple; alors, sur tous les points de cet alignement, la verticale déterminée par le fil à plomb doit être entièrement contenue dans le plan passant par les axes des deux balises. Il suffit donc, pour obtenir un nombre de points aussi grand que l'on voudra, de se placer de telle manière que les trois lignes formées par le fil à plomb et les deux axes des balises se confondent; la pointe du plomb indiquera sur le sol un des points de la ligne; on y plantera un jalon, en ayant soin de le placer selon la verticale. Tous les jalons ainsi plantés devront se couvrir mutuellement et dessiner un plan vertical dont la trace sur le sol est la ligne cherchée. Quand, dans un terrain peu accidenté, les deux premiers jalons sont exactement placés dans l'alignement, on se sert de ces jalons pour prolonger l'alignement au moyen d'autres jalons, que l'on plante de façon à couvrir les deux premiers, et par conséquent les deux points de direction qui se trouvent dans le même plan.

52. Pour bien planter un jalon dans un terrain peu résistant, il faut tenir le corps bien d'aplomb, et se placer de telle façon que le point où le jalon doit être enfoncé se trouve à peu près sur la bissectrice de l'angle formé par les deux pieds. On tient le jalon de la main droite, un peu au-dessus du centre de gravité, exactement devant le milieu du corps (*fig.* 46), et on l'enfonce dans le sol par un seul coup vigoureusement frappé. Il est rare, quand on a l'habitude de planter ainsi des jalons, que l'on ait ensuite à les retoucher en présentant le fil à plomb, ils sont presque toujours plantés verticalement ou s'écartent très-peu de la verticale. Quand le sol est trop résistant pour que l'on puisse y enfoncer un jalon, on détermine le point où il doit être planté, et l'on y place la pointe du jalon que l'on maintient au moyen de deux pierres, comme il a été indiqué pour le bâton d'équerre. Sur les trottoirs d'une ville ou sur un dallage, quand on cherche un alignement, on se sert quelquefois de jalons légers dont la pointe est fixée dans un plateau de bois de chêne de 0^m,04 ou 0^m,05 d'épaisseur sur 0^m,20 de côté.

53. Les points de direction d'un alignement peuvent être placés de telle manière que l'opérateur se trouve entre eux, et qu'il lui soit impossible de se porter sur leur prolongement pour déterminer des points intermédiaires; alors, il est un moyen prompt et facile d'établir immédiatement deux points qui se trouvent dans la ligne, et à l'aide desquels on détermine tous les autres, selon la méthode indiquée plus haut. Supposant que les deux points de direction donnés soient les points A et B de la figure 47, et que l'opérateur soit placé au point P; pour trouver deux points dans l'alignement AB, il fera placer un de ses aides avec un jalon dans l'alignement PA, au point D, par exemple, d'où cet homme alignera à son tour l'opérateur sur le point B, et occupera ensuite, selon les indications de celui-ci, les positions indiquées par les lettres D'D'', etc., d'où il l'alignera toujours sur le point D, en lui faisant parcourir successivement les positions P'P'', etc..., et ainsi de suite jusqu'à ce qu'ils occupent l'un et l'autre des positions telles, que leurs jalons soient parfaitement en ligne avec les points A et B, ce dont l'opérateur s'assurera en se portant successivement derrière chacun des deux jalons.

Quand l'opérateur est placé à l'une des extrémités (A) de l'alignement, et que l'autre point de direction (B) est situé à une grande distance, si l'opération demande à être faite avec précision, il est nécessaire de se servir du théodolite; l'opérateur ayant exactement placé son instrument au point A, comme il a été indiqué au chapitre Ier, en dirige la lunette sur le point B, de manière que le fil vertical de la lunette couvre exactement la balise placée en ce point. On envoie au point le plus éloigné de la ligne que l'on puisse apercevoir des aides porteurs de jalons et d'un fil à plomb, et lorsque la distance est telle que l'on ne puisse distinguer les signaux à l'œil nu, ils sont, en outre, munis d'une bonne lunette d'approche. L'un des aides, vêtu d'une blouse de couleur foncée, se place approximativement dans l'alignement, tenant un jalon devant lui; pendant ce temps, l'autre aide observe avec la lunette les signaux de l'opérateur, et les transmet à son compagnon. Quand l'opérateur a fait le signal convenu, l'aide plante le jalon, le met d'aplomb, puis, se plaçant derrière pour qu'il se détache sur la couleur foncée de ses vêtements, attend que l'opérateur ait fait de nouveau le signal convenu, ou indiqué les rectifications à faire. Le jalon étant planté d'aplomb, l'aide s'avançant vers l'opérateur continue à planter des jalons dans l'alignement indiqué.

54. Il est souvent inutile d'employer une lunette d'approche pour apercevoir les signaux de l'opérateur ; ces signaux se font avec un guidon ou en agitant à droite ou à gauche, ou de haut en bas, un objet de couleur voyante, selon le côté vers lequel on veut indiquer au jalonneur qu'il doit se porter, ou quand la position qu'il occupe est bonne. Quelquefois on emploie, pour faire les signaux, une corne semblable à celles dont se servent les gardes sur quelques chemins de fer ; on convient des signaux avec les jalonneurs ; ainsi, on peut sonner un coup pour indiquer qu'ils doivent se porter vers la droite, deux vers la gauche, trois pour leur faire comprendre qu'ils sont bien placés, quatre pour les faire porter en arrière, puis un certain nombre de coups précipités pour les rappeler.

Quelquefois, quand la distance est trop considérable (*) et que les aides n'ont pas de lunette d'approche pour apercevoir les signaux, l'opérateur fait placer près de lui trois ou quatre hommes qui se tiennent en ligne serrée les uns contre les autres, perpendiculairement à l'alignement, et se meuvent selon les indications de l'opérateur ; ils paraissent aux yeux des jalonneurs comme un point noir qui se meut vers la droite, vers la gauche, ou disparaît quand le jalon est bien placé dans l'alignement.

55. Quand les deux points de direction sont très-éloignés, et que l'opérateur est obligé de chercher entre ces points une station intermédiaire très-exacte d'où il puisse tracer tout l'alignement, on se sert du *cercle répétiteur*, que l'on place en station dans une position déterminée approximativement par le moyen indiqué plus haut (53) ; on dirige la lunette vers un des signaux servant de points de direction, puis, retournant la lunette à 180°, on s'assure si l'axe de la lunette correspond bien à l'autre signal ; s'il tombe à droite ou à gauche, l'instrument demande à être reculé vers la gauche ou vers la droite, et par une série de tâtonnements on arrive à trouver la position exacte de l'instrument : de

---

(*) Une personne qui a une bonne vue ne distinguerait pas la forme humaine à 1200 mètres ; on ne la reconnaît guère qu'à 900. Entre 750 et 800, on peut distinguer les bras et les jambes, quand ils s'écartent du corps. A 700 mètres, la tête se détache de la masse ; à 600, on reconnaît les parties voyantes des vêtements, gilets et pantalons de couleur claire, etc. ; entre 400 et 470, la tête, le corps et les bras se voient parfaitement et tous les mouvements s'aperçoivent ; les détails de l'habillement ne commencent à se distinguer qu'entre 180 et 200.

cette station on détermine, en avant et en arrière, tous les points nécessaires pour l'exactitude du tracé. Il faut, pendant cette opération,
s'assurer qu'en retournant la lunette à 180° le limbe n'a pas bougé ; à
cet effet, on dirige la lunette de repère fixée au-dessous du limbe vers
un point situé à une grande distance, et l'on s'assure, après chaque mouvement de la lunette supérieure, que la direction de celle qui est fixée
au limbe n'a pas varié. On doit recommencer plusieurs fois l'opération,
afin de s'assurer de l'exactitude de la position du cercle.

56. Quelquefois, quand les points de direction ne sont pas très-éloignés et que l'espace manque pour opérer comme il a été indiqué (53),
on peut employer l'*équerre d'arpenteur* que l'on parvient, par une série
de tâtonnements, à mettre en ligne, comme il a été dit à l'article précédent pour le cercle.

57. Quand il n'y a pas possibilité de trouver un espace intermédiaire
d'où l'on puisse découvrir à la fois les deux points extrêmes de l'alignement, on envoie à l'extrémité invisible de l'alignement un homme
qui, à heure fixe, lance une ou plusieurs fusées de signaux, dans la direction desquelles on plante deux jalons à partir de l'extrémité visible
de l'alignement, puis on prolonge cet alignement en chaînant jusqu'au
point invisible vers lequel on arrive soit à droite soit à gauche. Le chaînage ayant donné la longueur de la base, on mesure de combien on s'est
écarté de l'alignement, et, en construisant des triangles semblables, on
rectifie la position des premiers jalons. En effet, je suppose que la longueur chaînée soit de 2000 mètres, et que sur cette longueur l'on se
soit écarté de la direction véritable de 10 mètres vers la droite : si le
premier jalon est situé à 100 mètres du point de départ, il devra, pour
être placé convenablement, être reculé de 0^m,50 vers la gauche. Cette
vérification faite, on prolonge de nouveau l'alignement avec soin, jusqu'à
ce que l'on arrive à tomber directement sur le point de direction.

58. **Des obstacles.** Il arrive presque toujours dans un grand alignement que des obstacles s'opposent à ce que de tous les points de la ligne
on puisse apercevoir les balises ou signaux de direction ; ainsi, il peut se
faire que des constructions se trouvent placées entre les deux points extrêmes ou sur le prolongement d'un alignement, de telle manière qu'au
delà ou à une certaine distance de ces obstacles, on ne puisse voir qu'un
seul des deux signaux, et souvent ni l'un ni l'autre.

59. Si l'obstacle C (*fig.* 48) se trouve placé entre les deux points d'a-
lignement A et B, de telle façon qu'au delà de l'obstacle il soit possible

d'apercevoir du point A une certaine étendue de terrain dans l'alignement, on place de ce point un jalon D que l'on prendra pour point de direction avec le signal B pour tracer toute la partie de l'alignement au delà de l'obstacle.

60. Si de l'un des points d'alignement on peut distinguer par-dessus l'obstacle un des points extrêmes, on place un repère d'alignement au sommet de l'obstacle s'il est abordable, et l'on peut alors continuer l'alignement.

61. Dans le cas où l'obstacle se prolonge trop loin, ou se trouve être de telle nature qu'il soit impossible d'y établir un repère, il faut le tourner. Cette opération demande à être faite avec beaucoup de soin : l'équerre d'arpenteur ne donnant pas une précision assez grande, il est bon d'employer le cercle lorsque l'on opère définitivement et que l'on tient à l'exactitude du résultat.

Soient A et B (*fig.* 49) les points de direction de l'alignement, M l'obstacle au delà duquel doit se prolonger cet alignement. L'opérateur, en station au point O de l'alignement, règlera parfaitement son instrument dans l'alignement AB sur lequel il se retournera d'équerre, et placera à une distance qu'il chaînera un point de repère P sur la ligne d'équerre qu'il aura déterminée ; il établira de nouveau au point P une ligne d'équerre PN, se retournera d'équerre au point N, et mesurera sur la ligne NR une longueur NR égale à OP. Le point R, lorsque l'opération aura été faite avec soin, se trouvera dans l'alignement AB, dont le prolongement serait la perpendiculaire élevée au point R sur la ligne NS.

Cette opération oblige l'opérateur à tracer quatre angles droits, ce qui est très-long et comporte ordinairement certaines chances d'erreur ; aussi, quand le terrain le permet et que la ligne ne doit pas être prolongée sur une grande longueur, est-il avantageux d'employer la méthode suivante :

62. Les points A et B (*fig.* 50) étant situés dans l'alignement, on mesure exactement la distance AB, on élève avec l'équerre d'arpenteur, sur le milieu de AB, une perpendiculaire OM, et l'on décrit des points A et B comme centre, avec la chaîne, deux arcs de cercle avec des rayons égaux AM et MB ; comme vérification, les deux arcs de cercle décrits avec la chaîne doivent se couper sur la perpendiculaire OM.

On prolonge alors les lignes AM et MB de longueurs A'M, MB', égales à AM et MB ; les deux points A' et B' donnent la direction par le prolongement d'un alignement A'B'' parallèle à AB. On chaîne une distance

A"B" égale à AB, on construit sur A"B" un triangle isocèle A"'M'B' égal à A'MB', on prolonge d'une longueur égale à AM les côtés M'A"', B"' M' et l'on obtient les points A"'B"' qui doivent être situés sur l'alignement AB.

Comme vérification, les points A et A', B et B", A" et A"', B" et B"' doivent se trouver sur des lignes perpendiculaires à AB, A"'B"'; car les droites AB', A'B, A"'B", A"B"', sont les diagonales de deux rectangles. Il faut se servir pour cette opération de jalons de petite dimension, tels que ceux qui ont été décrits au chapitre Ier (4).

63. Quand un *obstacle infranchissable* sépare les deux points de direction d'un alignement de peu de longueur, et que d'aucun de ces points on ne peut apercevoir l'autre, on cherche en dehors de la ligne un point quelconque P, d'où l'on peut distinguer les deux signaux A et B (*fig.* 51).

On chaîne très-exactement les lignes AP, BP, on prend le milieu de ces lignes, et la droite joignant les points *m* et *m'* sera parallèle à la ligne AB. Prolongeant l'alignement *m'm* et mesurant les perpendiculaires AD et BC qui doivent être égales, on élève en *m* et *m'* deux perpendiculaires égales à AD, et l'on détermine ainsi les points A' et B' de l'alignement.

NOTIONS ÉLÉMENTAIRES DU TRACÉ DES GALERIES SOUTERRAINES.

64. Quand l'alignement d'une galerie souterraine est tracé sur le terrain, et que cette galerie doit être pratiquée pour franchir un obstacle naturel, tel qu'une montagne ou un coteau trop élevé pour que l'on puisse y pratiquer une tranchée, il est facile de prolonger cet alignement jusqu'aux attaques des deux têtes et de conduire l'avancement dans la direction de cet alignement, en fixant au ciel de la galerie des piquets sur lesquels se vissent des pitons servant à supporter des fils à plomb, que l'on place très-exactement dans l'alignement indiqué, et dont les lignes déterminent le plan d'axe de la galerie; mais, quand le souterrain doit avoir une certaine longueur, on est obligé, pour activer la marche des travaux en augmentant le nombre des points d'attaque, de percer des puits qui, selon la nature du travail et la destination de la galerie, sont tantôt sur l'axe, tantôt placés latéralement.

65. **Puits sur l'axe.** L'alignement de la galerie est tracé très-exactement sur le terrain et repéré au moyen de balises semblables à celle dont la description a été donnée au chapitre Ier (8).

La position des puits étant approximativement déterminée, l'opérateur s'établit en station avec le théodolite sur un point de l'alignement, d'où il puisse apercevoir l'emplacement du puits et les balises d'alignement; il dirige la lunette de l'instrument, quand il est parfaitement réglé et que la croisée des fils du réticule couvre parfaitement les balises de repère, sur le point choisi pour le fonçage des puits; il fait placer dans l'axe, à une certaine distance du bord du déblai à exécuter, deux petites bornes dont la partie supérieure se trouve dans un même plan, que l'on maintient par un solide massif en maçonnerie, et sur chacune desquelles il fait marquer, au crayon d'abord, puis plus tard au moyen de deux petits trous percés à l'aiguille de tailleur de pierre, l'emplacement de la pointe de fiches très-minces qu'on lui présente en les tenant bien verticalement, et qui correspondent au plan vertical déterminé par les balises, dont par conséquent la trace est indiquée sur les bornes par les pointes des fiches. Ces points étant marqués au crayon, l'opérateur fait tendre un cordeau passant sur les quatre points, et s'assure si le fil vertical du réticule couvre bien entièrement ce cordeau; dans le cas où les deux lignes ne coïncideraient pas, l'opérateur, après s'être assuré de la position de son instrument et l'avoir bien réglé, fait rectifier la position des points tracés sur les bornes, fait de nouveau présenter le cordeau, s'assure qu'il couvre exactement les quatre points et qu'il correspond exactement au fil du réticule sur toute sa longueur, et alors seulement il fait tracer à l'aiguille les quatre points de repère, que l'on marque ensuite d'un peu de couleur noire.

Quand on craint que les pointes ne soient dérangées pendant le fonçage, on se borne à tracer l'ouverture du puits, et l'on ne place les bornes de repère que lorsque le puits est descendu à profondeur; alors, pour descendre les points de direction des attaques, on tend à la partie supérieure du puits, sur les points de repère, un cordeau ou un fil de platine auquel on suspend deux fils à plomb, dont la direction indiquera l'alignement que devront suivre les deux attaques partant de ce puits. Souvent on fait plonger les plombs dans des seaux d'eau, afin d'assurer leur immobilité pendant la détermination des points dans l'avancement. Quand les attaques sont assez avancées pour permettre de donner des points avec le cercle, on descend cet instrument dans l'un des avancements aussi loin que possible; on le place en station dans l'alignement déterminé par les fils à plomb, on repère sa position au moyen d'un piquet et d'une pointe de Paris, puis on donne des points dans l'avancement opposé en faisant fixer des piquets dans le ciel de la galerie, fixant des

pitons sur ces piquets et y suspendant des fils à plomb. On reporte ensuite l'instrument sous le plus éloigné de ces fils, on le règle dans l'alignement ; pendant ce temps, on a planté un piquet dans le ciel de la
galerie, au-dessus du piquet de repère de la première station de l'instrument ; on fixe un piton dans ce piquet au point indiqué par le fil de la
lunette, on y suspend un fil à plomb comme il vient d'être dit plus haut,
et l'on détermine, si cela est nécessaire, un second point dans cet avancement.

66. **Puits hors de l'axe.** Quand les puits ne sont pas établis sur l'axe,
on est obligé de le rejoindre par une galerie latérale dont la direction est
tantôt normale, tantôt oblique par rapport à l'axe. Dans les villes, pour
l'établissement des galeries d'égout ou de distribution d'eau, on est souvent obligé, pour ne pas interrompre la circulation, d'établir des puits
dans des carrefours d'où l'on regagne l'axe du tracé par une galerie formant avec cet axe un angle quelconque, déterminé par l'obligation où
l'on se trouve d'éviter de passer sous les maisons ou trop près d'autres
constructions ; ce cas s'est présenté plusieurs fois dans le tracé des galeries du canal de Marseille, pour la distribution des eaux dans la ville,
particulièrement dans la galerie dite *des Moulins*, depuis la gare du che-
min de fer jusqu'au bassin des Moulins qui domine les constructions du
nouveau port. Le tracé d'une galerie oblique présentant un peu plus de
difficultés que celui d'une galerie normale à l'axe, il suffira de nous occuper du premier.

L'alignement de la galerie principale étant exactement repéré sur le
sol, l'opérateur se placera en station au point d'intersection de cet alignement avec l'axe de l'impasse, je suppose, dans laquelle doit être pratiqué le puits ; il relèvera au moyen du cercle répétiteur, et avec la plus
grande exactitude, l'angle formé par l'axe du tracé et celui de l'impasse,
fera placer dans ce dernier, aux abords du puits, deux bornes de repère,
pour l'alignement de la galerie latérale, en se conformant à ce qui a été
indiqué plus haut (65), repérera le point où il se trouve en station, et
chaînera très-exactement et à plusieurs reprises la distance de ce repère
aux bornes et à l'axe du puits, dont il tracera l'ouverture ; quand ce
puits sera descendu à profondeur, il fera placer, comme il a été indiqué,
le cordeau et les fils à plomb, donnera les points aux mineurs, et quand
l'avancement sera parvenu à la longueur voulue, c'est-à-dire quand il
aura dépassé d'un peu moins de la moitié de la longueur de la galerie
principale la distance qui sépare l'axe du puits du point d'intersection

des deux alignements, on donnera provisoirement, au moyen d'un goniomètre quelconque, la direction des deux nouvelles attaques; puis,
quand elles seront assez avancées pour qu'il soit possible d'y descendre
le cercle répétiteur, on déterminera très-exactement, au moyen des
deux fils à plomb du puits et d'un chaînage, le point de la galerie correspondant à l'intersection des deux axes, et par conséquent à la première station sur le sol : on y placera un repère d'alignement et l'on
établira le cercle répétiteur en station sur la verticale passant par ce repère; on s'assurera, en visant sur les deux fils à plomb, que la position
de l'instrument est exacte; puis, ayant arrêté le vernier à zéro du limbe,
on dirigera l'ensemble de l'instrument (12) vers les deux fils à plomb du
puits, on fixera les limbes, puis on fera décrire à la lunette un angle égal
à celui qui aura été relevé sur le sol.

⟩ Les piquets de repère, les pitons et les aplombs se placeront comme
il a été indiqué plus haut (65); on se vérifie en répétant l'angle, puis on
donne des points dans l'avancement opposé, en retournant la lunette
à 180°. Comme vérification, les quatre fils à plomb doivent se trouver
dans le même plan.

67. Quand une galerie doit être établie en courbe, et que sa longueur
n'est pas assez grande pour qu'il soit nécessaire d'établir des puits, on
prolonge une tangente aussi loin que la largeur de la galerie le permet,
et l'on élève sur cette tangente, au fur et à mesure de l'avancement, des
ordonnées qui déterminent les points d'axe, comme il sera indiqué au
tracé des courbes.

Quand la tangente est sur le point de rencontrer les pieds-droits de la
galerie, on choisit sur cette ligne un point B (*fig.* 52), tel que l'on puisse
y placer en station un cercle répétiteur; après avoir chaîné la longueur
AB, on calcule l'angle ABO et l'on fait au point B un angle ABC double
de l'angle trouvé; on élève sur la nouvelle direction BC des ordonnées
correspondant à celles élevées sur BA, et l'on continue jusqu'à ce que
l'avancement mesuré sur BC donne une longueur égale à BA; on obtient
alors en C un point de tangence à l'axe, puis on prolonge BC d'une
longueur CD égale à AB, en continuant à élever des ordonnées sur cette
ligne comme on a fait sur la direction AB.

D'autres fois, on détermine d'après la largeur de la galerie la longueur
de la tangente AT (*fig.* 53), soit en employant la formule $C = \sqrt[2]{R \times 2f - f'^2}$,
dans laquelle C représente la longueur AT ou la moitié de la corde AD,
R le rayon de la courbe, et f, la moitié de la largeur de la galerie ; soit

par les formules trigonométriques. — On calcule également l'angle OAT, et l'on trace à partir du point A la tangente AT, soit par le complément BAT de l'angle trouvé, soit par l'angle TAD' supplémentaire de BAT. On chaîne une longueur AD égale à deux fois AT, et l'on obtient ainsi un point D de la courbe. On élève au point T une perpendiculaire TE égale à la moitié de la largeur de la galerie, et l'on obtient ainsi un troisième point E de la courbe. On fait au point D, avec la droite AD, un angle ADF double de l'angle OAT, et l'on obtient une nouvelle corde DF. Si l'on a besoin d'obtenir des points intermédiaires, on les calcule comme il sera indiqué plus loin au tracé des courbes.

D'autres fois encore, on emploie le tracé par les sécantes, qui demande une grande précision dans les opérations, et que l'on peut vérifier par l'un des moyens indiqués ci-dessus.

Nous exposerons à l'article suivant la manière dont on doit opérer pour tracer une courbe par ce procédé.

68. Pour descendre par les puits, dans une galerie en courbe, des points du tracé, on établit la courbe avec beaucoup de soin sur le sol, et l'on descend dans la galerie par les moyens indiqués plus haut (65 et 66), soit la direction d'une tangente déterminée, soit celle d'une corde tracée sur le sol. On procède ensuite pour tracer les avancements comme nous venons de l'expliquer ci-dessus, en prenant pour base la ligne dont on a déterminé la direction dans la galerie. La galerie latérale s'établit dans la direction d'un des rayons de la courbe. Nous nous bornerons à ces notions tout à fait élémentaires, pour ce qui concerne le tracé des galeries, l'étendue et le but de ce traité ne nous permettant pas d'entrer à ce sujet dans de plus grands détails.

TROISIÈME PARTIE.

TRACÉ DES COURBES.

---

69. Détermination des points de tangence. La rencontre de deux alignements détermine un angle qu'il est indispensable de mesurer exactement, pour pouvoir, dans les tracés de chemins ou de canaux, raccorder ces lignes droites au moyen d'une courbe, dont le rayon est déterminé par l'objet et les exigences du tracé.

L'opérateur, voulant mesurer exactement l'angle ASB(*fig.* 54), place son instrument au sommet S de cet angle ; il le règle exactement et opère comme il a été indiqué (12, 13 et suiv.).

Ayant obtenu l'angle et connaissant le rayon qui doit être appliqué, l'opérateur calcule immédiatement les longueurs des tangentes au moyen de la formule : $\log tg\ A = \log tg\alpha + \log R - 10$, dans laquelle $\log tg\ A$ représente le logarithme de la tangente de la moitié de l'angle complémentaire de ASB, autrement dit le logarithme de la tangente cherchée, correspondant à la moitié de l'angle au centre, $\log tg\alpha$ le logarithme des tables correspondant à cet angle, R le logarithme du rayon donné. La longueur de cette tangente étant déterminée, on la chaîne immédiatement et l'on repère les points de tangence sur l'axe, au moyen de jalons peints d'une couleur particulière ou portant un signal convenu, latéralement à l'axe, par des piquets placés d'équerre sur l'alignement et à égale distance de l'axe. On a soin, en plaçant ces piquets de repère, de faire en sorte qu'ils se trouvent en dehors de la limite des terrassements.

70. Lorsque l'on n'a pas de goniomètre à sa disposition, ou qu'on ne peut pas le mettre en station au sommet, il est un moyen très-simple et très-exact, quand l'opération est faite avec soin, d'obtenir l'angle au centre. Supposant le sommet d'angle au point S (*fig.* 55), on prolonge l'un des côtés de l'alignement, le côté AS, par exemple, et l'on chaîne sur ce prolongement une longueur de 100 mètres, je suppose ; on chaîne également 100 mètres, sur le côté SB. Dans le triangle CSB, l'angle CSB supplémentaire de ASB est égal à l'angle au centre ; par conséquent, il suffira, pour déterminer cet angle, de connaître le côté CB du triangle isocèle CSB ; et comme les deux côtés CS et SB sont égaux chacun

à 100 mètres, nous aurons : $\sin \frac{1}{2} \mathrm{CSB} = \dfrac{\mathrm{R} \times \frac{\mathrm{BC}}{2}}{100}$, d'où $\log \sin \frac{1}{2} \mathrm{CSB}$ ou $\log \sin \frac{1}{2}\alpha = \log \frac{1}{2}\mathrm{BC} + 10 - 2 = \log \frac{1}{2}\mathrm{BC} + 8$; donc, connaissant la longueur CB, il suffit d'ajouter 8 au logarithme de la moitié de cette longueur, pour obtenir celui du sinus de la moitié de l'angle au centre. Cet angle étant déterminé, la longueur des tangentes se calculera comme il a été indiqué ci-dessus.

71. Tracé des courbes au moyen des tangentes. La tangente ST d'une courbe (*fig.* 56) étant tracée sur le terrain et le point de tangence déterminé, si l'on veut obtenir une suite de points plus ou moins rapprochés, appartenant à cette courbe, on élève sur ST des perpendiculaires *aa'*, *bb'*, *cc'*, etc., à des distances T*a*, T*b*, T*c*, etc., du point de tangence; ces dernières longueurs se nomment les *abscisses* de la courbe, les premières en sont les *ordonnées*; les abscisses étant connues, on détermine les ordonnées au moyen de la formule du cercle $\mathrm{Y} = \mathrm{R} \pm \sqrt[2]{\mathrm{R}^2 - \mathrm{X}^2}$, dans laquelle les abscisses sont représentées, comme à l'ordinaire, par X, et les ordonnées par Y; R est le rayon de la courbe. Supposons que la longueur de l'abscisse soit 10 mètres, et que le rayon de la courbe soit de 600 mètres; remplaçant R et X par leurs valeurs, nous avons :

$$\mathrm{Y} = 600 - \sqrt[2]{360000 - 100} = 600 - \sqrt[2]{359900} = 0,09.$$

Si nous avons X = 20,00 et R = 800, la formule donnera :

$$\mathrm{Y} = 800 - \sqrt[2]{640000 - 400} = 600 - \sqrt[2]{639600} = 0,25.$$

72. Lorsque l'on chaîne des longueurs égales sur les tangentes, pour les intervalles entre les ordonnées, il en résulte que les points de la courbe ainsi tracée ne sont pas équidistants, et qu'il devient alors plus difficile de juger de sa régularité; aussi a-t-on calculé des tables qui donnent les longueurs des abscisses et des ordonnées pour des développements de courbes correspondant à des angles égaux.

La table ci-jointe (A) donne les abscisses et les ordonnées pour les arcs successifs, calculés de 30 en 30 minutes, la courbe de 1000 mètres servant d'unité; c'est-à-dire que si, par le moyen de cette table, on veut obtenir les ordonnées d'une courbe de 100 mètres, on prendra le dixième de celles de la table; si l'on veut obtenir celles des courbes de 200, 300, 600, 1200, etc..., on multipliera les nombres donnés par la table par 0,20, 0,30, 0,60, etc. Au lieu d'établir des ordonnées de demi-degré en demi-degré, on peut, suivant le rayon de la courbe, n'en établir que de degré en degré, etc. Ainsi, pour une courbe de 1000 mètres de rayon, le tracé se trouve suffisamment détaillé en n'élevant que les ordonnées correspondant aux divisions de 2 en 2 degrés ; pour une courbe de 2000 mètres de rayon, on peut établir les ordonnées de degré et demi en degré et demi ; ces tracés sont ainsi très-convenablement indiqués pour l'exécution des terrassements; il n'est nécessaire de donner des points intermédiaires que pour les règlements définitifs ou la pose de la voie.

A

73. Table des abscisses et des ordonnées correspondant à une courbe de 1000 mètres de rayon, divisée de 30 en 30 minutes.

	ABSCISSES. Longueurs mesurées sur les tangentes.	ORDONNÉES. Perpendiculaires aux tangentes.		ABSCISSES. Longueurs mesurées sur les tangentes.	ORDONNÉES. Perpendiculaires aux tangentes.
0° 30'	8,7265	0,0380	13°	224,9511	25,6300
1°	17,4524	0,1525	13° 30'	233,4452	27,6303
1° 30'	26,1769	0,3428	14°	241,9219	29,7046
2°	34,8995	0,6090	14° 30'	250,3800	31,8526
2° 30'	43,6194	0,9518	15°	258,8190	34,0744
3°	52,3360	1,3708	15° 30'	267,2384	36,3696
3° 30'	61,0485	1,8653	16°	275,6373	38,7386
4°	69,7565	2,4360	16° 30'	284,0153	41,1803
4° 30'	78,4591	3,0830	17°	292,3717	43,6954
5°	87,1557	3,8050	17° 30'	300,7059	46,2830
5° 30'	95,8457	4,6038	18°	309,0170	48,9436
6°	104,5284	5,4783	18° 30'	317,3046	51,6764
6° 30'	113,2032	6,4281	19°	325,5682	54,4814
7°	121,8690	7,4538	19° 30'	333,8069	57,3586
7° 30'	130,5262	8,5555	20°	342,0215	60,3074
8°	139,1731	9,7318	20° 30'	350,2074	63,3278
8° 30'	147,8093	10,9840	21°	358,3680	66,4196
9°	156,4345	12,3118	21° 30'	366,5012	69,5826
9° 30'	165,0476	13,7146	22°	374,6065	72,8152
10°	173,6481	15,1924	22° 30'	382,6834	76,1206
10° 30'	182,2355	16,7453	23°	390,7311	79,4952
11°	190,8091	18.3730	23° 30'	398,7491	82,9400
11° 30'	199,3680	20,0754	24°	406,7366	86,4546
12°	207,9117	21,8526	24° 30'	414,6933	90,0388
12° 30'	216,4396	23,7040	25°	422,6183	93,6924

74. Quand le développement de la courbe est considérable, il faut, pour ne pas opérer sur des ordonnées trop longues, ce qui augmente les chances d'erreur, il faut, dis-je, partager cette courbe en y menant

des tangentes par plusieurs points. Ainsi, dans la courbe *amb*, par exemple (*fig.* 57), on mènerait par le point *m* une parallèle à la corde *ab*, au moyen des deux points *c* et *d*, que l'on détermine en calculant la tangente du quart de l'angle au centre *aob*. La ligne *cd* sera le double de cette tangente, et le point *m* de la courbe correspondra au milieu de cette droite. Suivant le développement de la courbe, on peut mener, par le même procédé, de nouvelles tangentes entre les points *am* et *mb*, en prenant pour sommets les points *c* et *d*. Le polygone ainsi établi (*fig.* 58) servira pour le tracé de la courbe ; on mesurera les abscisses à partir de chaque point de tangence, et l'on opérera comme il a été expliqué plus haut (71 et 72). On comprend que la courbe pouvant se polygoner à volonté , on n'est jamais obligé d'opérer sur des tangentes correspondant à des angles dépassant 20° ou 25°, et que , par conséquent, la table **A** est suffisante pour les tracés ordinaires.

75. Pour les avant-projets, les études rapides d'un tracé, et quelquefois pour les tracés de pose de voie et pour les règlements après l'exécution des terrassements, on emploie une méthode connue vulgairement sous le nom de système anglais. Quand les tangentes sont calculées et les points de tangence déterminés, on trace, au moyen des tangentes, un premier point *a* de la courbe, en employant la formule $x = \dfrac{D^2}{2R}$, dans laquelle *x* est l'ordonnée *da* (*fig.* 59), D la distance du pied de cette ordonnée au point de tangence, R le rayon de la courbe. A cet effet, on chaîne sur la tangente, à partir du point T, une longueur T*d* déterminée par le plus ou moins grand nombre de points que l'on désire obtenir ; au point *d*, on élève la perpendiculaire *da*, dont la longueur a été donnée par la formule ; puis, le point *a* étant déterminé, on fait passer par ce point et le point T une sécante TA, sur le prolongement de laquelle, à partir du point *a*, on mesure une longueur *ab* égale à T*d* ; on élève au point *b* une perpendiculaire dont la longueur *bc* est déterminée par la formule $x = \dfrac{D^2}{R}$, et qui, par conséquent, est égale au double de la première, élevée au point *d*. Pour prolonger le tracé, on fait, par les deux points *a* et *c*, passer une nouvelle sécante que l'on prolonge également, à partir du point *c*, d'une longueur égale à T*d*, et à l'extrémité de laquelle on élève une perpendiculaire *ef* égale à *bc*. On continue à opérer de la sorte avec des longueurs constantes, jusqu'à ce que l'on soit

parvenu au milieu de la courbe ; puis on opère de la même manière en partant de l'autre point de tangence ; la rencontre des deux arcs de cercle doit se faire sans jarret, et l'on reconnaît à l'exactitude du raccordement si l'opération a été bien faite. Il est bon, dans ces opérations, de dépasser un peu le milieu de la courbe : on voit alors si les points donnés par les deux opérations appartiennent bien à la même courbe ; quand il n'en est pas ainsi, on vérifie quelques points par les tangentes ou par les sécantes, de 100 en 100 mètres, et l'on rectifie le tracé. Dans les tracés provisoires, on mesure la différence qui existe entre les deux courbes près du sommet, et on la balance également des deux côtés en la reportant proportionnellement sur tous les piquets.

Quelquefois, dans les avant-projets, on se dispense de relever les angles ; on détermine un point convenable pour commencer la courbe, et on la prolonge jusqu'à ce que la direction de la tangente au dernier point obtenu soit convenablement disposée pour le tracé.

Cette méthode est très-expéditive ; mais, à cause de la solidarité des erreurs, on doit éviter de l'employer pour les tracés définitifs, sauf dans quelques cas exceptionnels tels que la traversée d'un bois ou d'un village, et alors doit-on encore profiter de tous les moyens de vérification que la disposition des lieux permet d'employer, pour s'assurer, par quelques points tracés au moyen de l'une des méthodes exposées ci-dessus, de l'exactitude de la courbe. — Quand les terrassements sont achevés, comme on opère sur des surfaces planes, il est facile, en employant de petits jalons (4), d'arriver par ce procédé à une grande exactitude ; et, dans ce cas, ce système est préférable, car on peut disposer ses distances de telle manière que toutes les opérations du tracé aient lieu sur la plate-forme des terrassements, tandis que, par les tangentes, on est presque toujours obligé d'en sortir et, par conséquent, d'exécuter des chaînages sur des talus, ce qui est toujours assez difficile quand on veut opérer avec soin.

76. On est souvent obligé de calculer les développements des courbes ; lorsque l'on connaît l'angle au centre, ce calcul se fait très-rapidement au moyen de la table B, qui donne les développements correspondant aux angles au centre par degrés, minutes et secondes, pour un cercle de 1 mètre de rayon. On n'a donc qu'à multiplier par le rayon de la courbe les résultats donnés par cette table, pour obtenir le développement correspondant à un angle quelconque.

B

77. Table des développements des arcs de cercle calculés de degré en degré pour une courbe de 1 mètre de rayon.

1°	0,017453	35°	0,610865	69°	1,204277
2°	0,034906	36°	0,628318	70°	1,221730
3°	0,052359	37°	0,645771	71°	1,239183
4°	0,069813	38°	0,663225	72°	1,256637
5°	0,087266	39°	0,680678	73°	1,274090
6°	0,104719	40°	0,698131	74°	1,291543
7°	0,122173	41°	0,715584	75°	1,308996
8°	0,139626	42°	0,733038	76°	1,326450
9°	0,157079	43°	0,750491	77°	1,343903
10°	0,174532	44°	0,767944	78°	1,361356
11°	0,191986	45°	0,785398	79°	1,378810
12°	0,209439	46°	0,802851	80°	1,396263
13°	0,226892	47°	0,820304	81°	1,413716
14°	0,244346	48°	0,837758	82°	1,431169
15°	0,261799	49°	0,855211	83°	1,448623
16°	0,279252	50°	0,872664	84°	1,466076
17°	0,296705	51°	0,890117	85°	1,483529
18°	0,314159	52°	0,907571	86°	1,500983
19°	0,331612	53°	0,925024	87°	1,518436
20°	0,349065	54°	0,942477	88°	1,535889
21°	0,366519	55°	0,959931	89°	1,553343
22°	0,383972	56°	0,977384	90°	1,570796
23°	0,401425	57°	0,994837	91°	1,588249
24°	0,418879	58°	1,012290	92°	1,605702
25°	0,436332	59°	1,029744	93°	1,623156
26°	0,453785	60°	1,047197	94°	1,640609
27°	0,471238	61°	1,064650	95°	1,658062
28°	0,488692	62°	1,082104	96°	1,675516
29°	0,506145	63°	1,099557	97°	1,692969
30°	0,523598	64°	1,117010	98°	1,710422
31°	0,541052	65°	1,134464	99°	1,727875
32°	0,558505	66°	1,151917	100°	1,745329
33°	0,575958	67°	1,169370	180°	3,141592
34°	0,593411	68°	1,186823	360°	6,283185

C

78. Table des développements des arcs de cercle calculés de minute en minute, pour une courbe de 1 mètre de rayon.

1′	0,000290	21′	0,006108	41′	0,011926
2′	0,000581	22′	0,006399	42′	0,012217
3′	0,000872	23′	0,006690	43′	0,012508
4′	0,001163	24′	0,006981	44′	0,012799
5′	0,001454	25′	0,007272	45′	0,013089
6′	0,001745	26′	0,007563	46′	0,013380
7′	0,002036	27′	0,007853	47′	0,013671
8′	0,002327	28′	0,008144	48′	0,013962
9′	0,002617	29′	0,008435	49′	0,014253
10′	0,002908	30′	0,008726	50′	0,014544
11′	0,003199	31′	0,009017	51′	0,014835
12′	0,003490	32′	0,009308	52′	0,015126
13′	0,003781	33′	0,009599	53′	0,015417
14′	0,004072	34′	0,009890	54′	0,015707
15′	0,004363	35′	0,010181	55′	0,015998
16′	0,004654	36′	0,010471	56′	0,016289
17′	0,004945	37′	0,010762	57′	0,016580
18′	0,065235	38′	0,011053	58′	0,016871
19′	0,005526	39′	0,011344	59′	0,017162
20′	0,005817	40′	0,011635	60′	0,017453

D

79. Table des développements des arcs de cercle calculés de seconde en seconde, pour une courbe de 1 mètre de rayon.

1″	0,000004	21″	0,000101	41″	0,000198
2″	0,000009	22″	0,000106	42″	0,000203
3″	0,000014	23″	0,000111	43″	0,000208
4″	0,000019	24″	0,000116	44″	0,000213
5″	0,000024	25″	0,000121	45″	0,000218
6″	0,000029	26″	0,000126	46″	0,000223
7″	0,000033	27″	0,000130	47″	0,000227
8″	0,000038	28″	0,000135	48″	0,000232
9″	0,000043	29″	0,000140	49″	0,000237
10″	0,000048	30″	0,000145	50″	0,060242
11″	0,000053	31″	0,000150	51″	0,000247
12″	0,000058	32″	0,000155	52″	0,000252
13″	0,000063	33″	0,000159	53″	0,000256
14″	0,000067	34″	0,000164	54″	0,000261
15″	0,000072	35″	0,000169	55″	0,000266
16″	0,000077	36″	0,000174	56″	0,000271
17″	0,000082	37″	0,000179	57″	0,000276
18″	0,000087	38″	0,000184	58″	0,000281
19″	0,000092	39″	0,000189	59″	0,000286
20″	0,000096	40″	0,000193	60″	0,000290

80. Pour faire usage de ces tables, on ajoute les nombres correspon-

dant aux différentes parties de l'angle donné, et on multiplie la somme ainsi obtenue par le rayon de la courbe.

Supposons que le rayon de la courbe soit de 600 mètres, et que l'angle au centre correspondant à l'axe dont on veut avoir le développement mesure 63° 29′ 12″ :

Nous disposerons ainsi le calcul : Dt 63°=1,099557

$$29'=0,008435$$
$$12'=0,000058$$

Total. 1,108050

Donc, pour un rayon de 1 mètre, le développement d'un angle de 63° 39′ 12″ est égal à 1^m,108050, et, pour un rayon de 600 mètres, à 1,108050×600=664^m,83.

81. Il arrive très-souvent que l'on est obligé de calculer un développement sur le terrain ; il est toujours facile d'y arriver par la méthode ordinaire, sans employer les tables. Mais ces opérations sont assez longues ; aussi est-il bon de fixer dans sa mémoire le développement correspondant à 1°, à 1′ et à 10″. De cette manière, multipliant ces nombres par les quantités correspondantes données par l'angle au centre, faisant la somme de ces produits et multipliant par le rayon, on obtient avec une exactitude suffisante le développement cherché. — Les trois nombres qui servent à cette opération sont faciles à retenir :

0,017453 pour 1°,

0,000290 pour 1′,

0,000048 pour 10″.

Supposons que l'angle et le rayon soient les mêmes qu'à l'exemple précédent, nous aurons :

$$D^t\ 63°=0,017453×63=1,099539$$
$$D^t\ 29'=0,000290×29=0,008410$$
$$D^t\ 12''=0,000048×12=0,000058$$

Total . . . 1,108007

Le développement de cet angle pour un rayon de 600 mètres sera donc 1,108007×600=664,80, chiffre qui approche, comme on le voit, de 0,03, celui donné par les tables, et peut, par conséquent, suffire pour les opérations du terrain.

On est quelquefois obligé de calculer le rayon, la corde et la flèche étant données ; alors on emploie la formule $R = \dfrac{C^2+f^2}{2f}$, dans laquelle

R représente le rayon, C la moitié de la corde, et f la flèche. Cette opération se borne donc à élever au carré la moitié de la corde et la flèche, à ajouter ces deux carrés et à diviser la somme par le double de la flèche ; le quotient est le rayon cherché.

DU PIQUETAGE.

82. Lorsque les alignements ou les courbes sont indiqués sur le terrain au moyen des jalons, il faut les tracer définitivement en remplaçant les jalons par des piquets que l'on place à des distances plus ou moins rapprochées, selon les exigences du tracé. Dans certains cas, pour les tracés d'axes de chemins de fer, par exemple, et lorsque le terrain est peu accidenté, il suffit de placer des piquets de 50 en 50 mètres. Lorsque, dans l'intervalle de deux piquets, il se trouve des accidents de terrain, on les indique au moyen d'un certain nombre de piquets intermédiaires. D'autres fois, on détaille le tracé en plaçant des piquets tous les 20 mètres ; dans ce cas, il est bon, à cause de la multiplicité de ces piquets, de les classer par série de 50, comprenant par conséquent un kilomètre, et ces séries se classent également par numéros d'ordre. Il est alors très-facile de se rappeler la position d'un point, quand on indique la série à laquelle il appartient.

On emploie d'ordinaire, pour les tracés définitifs, des piquets en chêne de $0^m,06$ à $0^m,10$ d'équarrissage sur $0^m,50$ à $0^m,80$ de longueur. Chaque piquet doit porter son numéro d'ordre ; ce numéro se marque ordinairement au fer rouge, et quelquefois on l'estampe sur une petite plaque en zinc, que l'on cloue à la partie supérieure du piquet.

Quand le classement est fait par séries, chaque piquet porte latéralement le numéro de la série à laquelle il appartient, et, sur l'une des faces normales à l'axe, son numéro d'ordre dans la série. En faisant planter les piquets, l'opérateur a soin de repérer le point de l'axe auquel ce piquet doit correspondre ; il s'assure, pendant qu'on l'enfonce dans le sol, s'il est bien vertical, s'il ne s'écarte pas de la ligne, et l'y fait ramener en changeant la direction des coups de masse.

Quand un piquet est planté, on repère sur ce piquet le point de l'axe correspondant, au moyen d'une pointe de Paris ; on chaîne exactement la distance qui sépare ce piquet du point précédent (ce qui, lorsque le piquetage se fait de 20 mètres en 20 mètres, s'exécute au moyen d'un double décamètre dont on place l'extrémité contre la pointe plantée sur l'avant-dernier piquet, afin de n'avoir qu'un seul coup de chaîne d'un piquet à l'autre). On marque, avec un crayon que l'on tient en guise de fiche contre la poignée de la chaîne, un petit arc de cercle sur toute la largeur du piquet avec un rayon égal à la longueur de la chaîne, et c'est sur cet arc que l'on enfonce la pointe à l'intersection de cette petite portion de courbe avec l'axe du tracé.

Quelquefois on place les piquets de 100 mètres en 100 mètres ; alors il faut détailler les courbes au moyen de piquets intermédiaires, car, avec cet intervalle entre chaque point, elles ne seraient pas suffisamment tracées.

On enfonce ordinairement les piquets jusqu'à ce qu'ils ne dépassent plus le sol que de $0^m,10$; et lors du nivellement, la mire, instrument qui sert à marquer les hauteurs auxquelles correspondent les lignes horizontales données par les niveaux, se place sur les têtes de ces piquets. Pour avoir la cote du sol, il faudra donc diminuer de $0^m,10$ celle qui aura été obtenue en nivelant sur le piquet. Quelquefois on nivelle sur de petits piquets placés au pied des piquets d'axe, ou bien on fait porter au piquet une entaille de $0^m,10$ de profondeur sur $0^m,02$ de largeur, comme l'indique la figure 60, et l'on pose la mire sur cette entaille ; mais, dans ce cas, on est obligé d'employer des piquets d'un assez fort équarrissage, tandis qu'avec les deux premières méthodes, des piquets de $0^m,06$ à $0^m,08$ sont suffisants.

Pour enfoncer des piquets dans un terrain rocailleux, on est obligé de pratiquer le trou avec la masse et la pointerolle. Sur les chaussées empierrées, on remplace les piquets d'axe par des broches ou chevillettes en fer.

QUATRIÈME PARTIE.

DES NIVELLEMENTS.

---

83. Les nivellements ont pour but la détermination des hauteurs respectives de divers points comparés entre eux, ou rapportés à un plan de comparaison qui est ordinairement le niveau de la mer. Ce niveau part du zéro de l'échelle des marées, déterminé aux époques des équinoxes par la moyenne entre la plus haute et la plus basse mer.

INSTRUMENTS EMPLOYÉS POUR LES NIVELLEMENTS.

84. Les instruments employés pour les nivellements sont les niveaux et les mires. Il y a plusieurs sortes de niveaux : les niveaux d'eau, les niveaux à bulle d'air et les niveaux à perpendicule.

Nous donnerons la description de ceux de ces instruments qui sont le plus généralement employés pour les opérations que nécessitent les travaux.

85. **Niveau d'eau.** Le niveau d'eau (*fig.* 61) se compose d'un tube en métal recourbé à ses deux extrémités et terminé par deux fioles en verre de même diamètre, ouvertes à leur partie supérieure. D'après les lois de l'hydrostatique, ces deux fioles formant deux vases communiquants, le liquide versé dans le tube s'élève à la même hauteur dans chacune d'elles et détermine ainsi, par le niveau auquel il s'élève, un plan horizontal, dont la trace sur la mire donne les cotes de nivellement des points observés.

Il faut remarquer cependant que la surface du liquide dans chaque fiole n'est pas parfaitement horizontale, mais légèrement concave, parce que l'attraction du verre sur le liquide est plus forte que celle des parties constituantes du liquide entre elles; il se forme alors, à la partie supérieure du liquide, des onglets ou ménisques qui, à une certaine distance, ont l'aspect d'un trait noir de quelques millimètres de hauteur. Le rayon visuel doit donc, pour être horizontal, raser, ou la partie supérieure des ménisques, ou les points les plus bas des surfaces du liquide.

Le niveau d'eau se fixe au moyen d'une douille à genouillère, sur un pied semblable à celui des graphomètres (*fig.* 36). On remplit quelquefois ce niveau avec un liquide légèrement coloré, mais le plus souvent avec de l'eau.

Cependant, en hiver, l'eau ne peut être employée à cause des gelées, et se remplace par l'alcool.

Quand on a versé le liquide jusqu'aux deux tiers à peu près de la hauteur des fioles, on incline le niveau jusqu'à ce que ce liquide vienne affleurer l'ouverture de la fiole la plus basse, que l'on bouche alors hermétiquement; puis on continue à baisser cette fiole jusqu'à ce que le tube se trouve presque vertical; alors, s'il y a de l'air contenu dans le niveau, il s'échappe en bulles par la fiole supérieure; il est indispensable de prendre cette précaution, pour que la pression soit égale dans les deux branches du niveau, et que, par conséquent, les deux surfaces du liquide se trouvent dans un même plan horizontal. Cela fait, on ramène le niveau à la position horizontale, on ouvre légèrement la fiole qui était bouchée, et, ouvrant et fermant doucement, à plusieurs reprises, l'un des orifices du tube, on parvient à arrêter le balancement du liquide que l'on vient d'agiter en basculant le niveau.

Quand on transporte cet instrument d'un point à un autre, on doit boucher avec soin l'une des fioles et tenir l'autre de telle manière que le liquide ne puisse pas se répandre.

86. On ne peut employer le niveau d'eau avec une certaine précision qu'entre des points peu distants l'un de l'autre, à cause de l'incertitude de lecture provenant de ce que la direction des rayons visuels n'est pas invariablement assurée; en effet, les rayons visuels dirigés tangentiellement aux parois latérales des fioles sont fixés, soit par le dessus, soit par le dessous des ménisques; or, ces lignes ne sont pas terminées d'une manière tellement tranchée que l'on puisse admettre que l'erreur de lecture de l'une à l'autre soit d'au moins un demi-millimètre, et, la longueur du niveau étant de $1^m,50$, si, pour cette distance, nous avons une erreur de $0^m,0005$, nous pourrons avoir $0^m,01$ à 30 mètres. On doit donc, autant que possible, pour diminuer les chances d'erreur, faire avec cet instrument des stations très-courtes.

Comme au delà de 30 mètres on ne peut plus opérer avec certitude, les stations les plus longues auront au plus de 50 à 60 mètres, et, dans ce cas, le niveau devra se placer à peu près au milieu de la distance qui sépare les deux points observés.

87. Les niveaux d'eau ordinaires se ferment, quand on les transporte,

au moyen d'un bouchon de liége que l'on suspend au goulot des fioles ; c'est le moyen le plus simple, et, malgré les petits inconvénients qu'il présente, c'est encore celui que préfèrent beaucoup d'opérateurs ; car, avec certains systèmes d'obturateurs, il arrive parfois que l'on opère avec le niveau fermé, tout en croyant le liquide des deux fioles en communication avec l'atmosphère, soit que les trous qui doivent laisser passer l'air se soient bouchés, soit que l'on ait oublié de tourner les vis ou les ajutages adaptés au collet des fioles. Cependant, le niveau fermant, comme l'indique la figure 62, au moyen d'un tampon qui se meut le long d'une vis adaptée au milieu d'un disque percé de trous pratiqués pour laisser passer l'air, ce niveau, dis-je, offre cet avantage que le vent ne s'engouffre pas dans les fioles et n'agite pas la surface du liquide, qui ne subit que l'influence due au mouvement imprimé par le vent à l'ensemble de l'instrument, mouvement qui est parfois si violent qu'il oblige à suspendre les opérations.

88. Dans les pays de montagnes, en Suisse, par exemple, on emploie souvent, pour remplacer le niveau d'eau, un niveau à perpendicule, composé d'une lunette suspendue par son centre de gravité, et dont la position est reliée invariablement d'équerre à une tige d'acier, à l'extrémité de laquelle est fixée une sphère en cuivre d'un poids assez considérable pour assurer la position verticale de la tige, et par suite la position horizontale de la lunette (*fig.* 63). Le système de suspension de la lunette est analogue à celui des balances, la figure 64 en indique la disposition. L'ensemble du système se suspend à un pied analogue au bâton d'équerre terminé par un crochet, et peut se mouvoir dans tous les sens. La lunette est terminée à chaque extrémité par un disque circulaire portant en son milieu une fenêtre carrée traversée par un crin ; au niveau du crin se trouve un trou circulaire par lequel l'opérateur doit viser. La trace indiquée sur la mire par le crin de la fenêtre opposée donne la cote de nivellement.

Pour vérifier cet instrument, on n'a qu'à le retourner bout pour bout, puis on le règle au moyen de la vis *b* qui correspond à l'un des disques portant les fils horizontaux, et que l'on baisse ou descend à volonté, jusqu'à ce que les deux fils marquent, avant comme après le retournement, la même hauteur sur la mire.

89. **Niveau à plateau ou de Lenoir.** Cet instrument se compose d'un limbe *ab* (*fig.* 65) supporté par un trépied *c*, *d*, *e*, aux extrémités des branches duquel sont adaptées des vis qui servent à en régler la posi-

tion. Le trépied et le limbe qu'il supporte se fixent sur un pied analogue à celui du niveau du cercle. La vis V, placée sous ce pied et tendue par un ressort à boudin, se visse sous le trépied de l'instrument et assure ainsi la fixité du limbe, tout en laissant aux vis du trépied, vu l'élasticité du ressort qui la sollicite, une certaine liberté de jeu. Sur le limbe se pose directement une lunette L, dont l'un des tourillons se place dans un trou pratiqué au centre du plateau. Sur les collets de cette lunette se place un niveau à bulle d'air, dont la chape s'adapte sur le tourillon de la lunette qui se trouve tourné en dessus.

90. Les axes du niveau et de la lunette doivent être parallèles au limbe; on doit donc, pour employer cet instrument avec certitude, vérifier ce parallélisme; à cet effet, on commence par s'assurer si le niveau est bien centré; pour cela on place le niveau directement sur le limbe, après avoir enlevé la lunette et l'avoir remplacée par un pivot ou double tourillon (*fig.* 66), dont la partie inférieure se place dans le trou pratiqué au centre du limbe, et la partie supérieure dans celui que porte la chape du niveau.

On dirige l'axe du tube vers un point fixe situé à quelque distance de l'instrument et, au moyen des vis de rappel, on le place de manière que la bulle soit exactement au centre; on le retourne alors bout pour bout, et l'on s'assure que la bulle n'a pas varié. Si la bulle a changé de place, on corrige la moitié de la différence au moyen de la vis T placée à l'extrémité de la chape, et l'on ramène la bulle au milieu du tube au moyen des vis du trépied. On recommence cette correction jusqu'à ce que, avant comme après le retournement bout pour bout exactement dans la même ligne, la bulle reste parfaitement au centre du niveau. Il faut ensuite vérifier l'axe optique de la lunette; à cet effet, on la dirige sur un objet très-éloigné sur lequel on remarque une ligne horizontale correspondant à la croisée des fils du réticule, par exemple sur une mire tenue à 250 ou 300 mètres, et sur laquelle on lit avec soin la graduation correspondant au fil horizontal du réticule; on fait alors faire à l'instrument une demi-révolution, et l'on s'assure que le fil recouvre la même ligne que dans la première position.

Dans le cas où ce fil passerait en dessous ou en dessus de la ligne qu'il recouvrait lors de la première observation, on corrigerait la moitié de la différence comme il a été indiqué à l'article 15, puis on retournerait de nouveau la lunette en corrigeant chaque fois jusqu'à ce que, dans les deux positions, le fil horizontal du réticule corresponde à la même ligne.

91. Emploi du niveau à plateau. Pour faire usage de cet instrument, le niveau et la lunette étant vérifiés, on place l'ensemble de la lunette et du niveau parallèlement à la direction de deux vis que l'on fait mouvoir en même temps en sens inverse, de la main droite et de la main gauche, de manière que chacune corrige la moitié de la différence. Quand le niveau se trouve placé horizontalement dans ce sens, on fait faire à la lunette un quart de révolution sur le cercle, de manière à la placer dans la direction de la troisième vis, à peu près d'équerre à la position précédente. Au moyen de la vis dans la direction de laquelle se trouve la lunette, on les place de niveau dans cette ligne, puis on replace de nouveau la lunette dans la direction de deux vis, pour corriger, et l'on continue jusqu'à ce que, de quelque côté que l'on tourne la lunette, la bulle du niveau reste parfaitement au centre.

Alors, on dirige un rayon visuel sur la mire, on lit la cote correspondant à la croisée des fils, on l'inscrit au carnet ; puis, faisant faire à la lunette une demi-révolution, et tournant le niveau bout pour bout, on vise de nouveau la mire, et l'on inscrit la cote que donne cette nouvelle observation. La moyenne entre ces deux cotes donne la cote de mire définitive.

Quand on est sûr de l'exactitude du niveau, et que l'on est à peu près au milieu de l'espace qui sépare les deux points à observer, on peut se dispenser de donner d'une même station plusieurs coups de niveau sur le même point.

92. Il faut prendre, pour placer cet instrument en station, les mêmes précautions que pour le cercle répétiteur : éviter les terrains mobiles, bien fixer les pointes du pied dans le sol, éviter de piétiner près de l'instrument, etc.

Le niveau-cercle (*fig*. 9, 10 et 11), dont nous avons donné la description à l'article 10, n'est qu'une modification du niveau à plateau. Il s'emploie de la même manière pour les nivellements, et se vérifie d'une manière analogue.

Quoique le niveau vienne d'être centré, il faut à chaque observation jeter, avant de viser, un coup d'œil sur la bulle, et la regarder également après avoir lu la cote, pour s'assurer qu'elle n'a pas varié pendant l'observation. On doit, en mettant le niveau en station, placer le limbe aussi horizontalement que possible, de manière à ne pas fatiguer les vis, à ne pas forcer les branches du trépied et activer l'opération. En transportant cet instrument d'un point à un autre, on doit éviter tout choc ou tout mouvement brusque pouvant obliger l'opérateur à centrer de nouveau l'instrument, ce qui demande toujours un certain temps et beaucoup de soin.

En général, ces instruments, de même que les cercles, se dérangent très-facilement quand on les transporte en voiture ; on doit donc, autant que possible, les faire transporter avec précaution par les porte-mires, et de préférence sur le dos, au moyen de bretelles et d'un petit coussinet de crin recouvert de cuir.

93. Niveau d'Egault. Le niveau d'Egault (*fig.* 67) se compose d'un disque *ab*, mobile autour de son centre, et maintenu par deux ressorts *r* et *r'* et deux vis VV', qui servent à le placer horizontalement. Parallèlement à ce disque sont supportés sur une règle un niveau à bulle d'air N, et une lunette L maintenue par deux collets C et C'.

Pour mettre cet instrument de niveau, on place successivement la lunette dans la direction des deux vis, c'est-à-dire suivant deux diamètres à angle droit, et on règle l'horizontalité du limbe au moyen des vis VV', et du niveau qui lui est parallèle.

94. Pour vérifier cet instrument, il faut d'abord voir si les fils du réticule sont bien exactement dans l'axe de la lunette, ce qui se fait d'une manière analogue à celle que l'on emploie pour vérifier l'axe optique de la lunette du niveau à plateau. On vérifie ensuite les collets en enlevant la lunette et la replaçant, après avoir retourné bout pour bout la règle supportant les collets ; on dirige de nouveau la lunette vers le point que l'on avait visé dans la première position ; si, après le retournement, le fil horizontal du réticule recouvre exactement ce point, les collets sont justes ; dans le cas contraire, on corrige la différence par moitié au moyen de la vis P qui, placée sous le collet, augmente ou diminue, suivant qu'on la serre ou qu'on la desserre, la pression du ressort placé entre le collet C et la règle *d*. On retourne de nouveau la lunette, et l'on répète cette correction jusqu'à ce que, avant comme après le retournement, le fil horizontal couvre la même marque. Le niveau se centre comme celui du niveau à plateau ; on le retourne dans deux directions parallèles ; il se règle au moyen de la vis S.

On emploie sur les travaux plusieurs autres sortes de niveaux à bulle d'air ; mais tous sont construits d'après les mêmes principes que ceux que nous venons de décrire. Nous dirons, cependant, que pour le transport d'une station à une autre le niveau à plateau est assez incommode, puisque l'on ne peut transporter cet instrument d'une seule pièce, et qu'il faut enlever la lunette et le niveau de dessus le limbe; on a construit un niveau qui remédie à cet inconvénient; la lunette se place dans deux collets par-dessus le niveau qui est maintenu au-dessus du plateau par une tige verticale, et de cette manière il devient très-facile d'emporter tout l'instrument à la fois d'une station à une autre, sans le démonter.

95. **Mires.** Les mires sont, comme nous l'avons dit, des instruments qui servent à indiquer la hauteur à laquelle se trouvent les points du sol observés, par rapport au plan du niveau. Ce sont, tantôt de simples règles en bois, graduées de centimètre en centimètre, tantôt une règle à coulisse munie d'un voyant partagé en quatre parties alternativement rouges et blanches, et dont on fait correspondre le centre aux lignes horizontales tracées par le niveau.

96. **Mire-règle ou mire lectrice.** Il y a plusieurs espèces de mires-règles; les unes sont construites d'une seule pièce, les autres se replient en deux, au moyen d'une charnière, ou en glissant entre les deux colliers ou brides en fer (*fig.* 68 et 69), et s'arrêtent au moyen d'une vis de pression.

Quoique la mire-règle d'une seule pièce soit moins facile à transporter, elle est cependant préférable pour l'exactitude des opérations; elle se compose d'une règle en bois de sapin, de 4 mètres de longueur sur $0^m,12$ de largeur, $0^m,02$ d'épaisseur en bas, et $0^m,01$ à la partie supérieure. Cette mire se gradue ordinairement de 2 centimètres en 2 centimètres (*fig.* 70). Cette graduation suffit pour les opérateurs qui ont l'habitude de cet instrument; car il est facile d'apprécier la moitié, le tiers, le quart de ces divisions; par conséquent, 0,01, 0,007, 0,005, et de bas en haut, 0,015, 0,013, 0,01; mais, comme il arrive quelquefois que les opérateurs n'ont pas une grande habitude de la mire-règle, on peut adopter la graduation indiquée à la figure 71.

Quelquefois, les numéros sont divisés et peints de telle façon (mire Froyer), qu'il est facile de reconnaître par leur moyen les divisions de la règle. Mais une excellente graduation est celle de la mire Bourdaloue (*fig.* 70), qui donne directement les chiffres à inscrire au carnet et évite les erreurs de mètres; car, dans la plupart des autres mires, les mètres sont indiqués par des points, que l'opérateur peut quelquefois oublier de remarquer.

Il y a encore une graduation de mire très-commode pour les études, c'est celle de $0^m,04$ en $0^m,04$ indiquée par M. Bourdaloue.

Au lieu d'inscrire la hauteur réelle correspondant aux divisions de la mire, on n'inscrit que la cote de la moitié de cette hauteur ; ainsi, au lieu d'être partagée en sections de 0^m,10 de hauteur, la mire est partagée de 0^m,20 en 0^m,20, c'est-à-dire de cinq en cinq divisions de 4 centimètres chacune ; au lieu de coter la hauteur de la première division 0^m,20, elle sera cotée 0^m,10 ; la deuxième, au lieu d'être cotée 0^m,40, sera cotée 0^m,20, et ainsi de suite. De cette manière, les divisions de 4 centimètres en 4 centimètres se voyant de très-loin, il est facile, en plaine, d'établir de très-longs profils sans changer de station ; puis (comme, à cause du grand éloignement, on donnera deux coups avec la lunette), au lieu de faire la moyenne des deux cotes lues, on n'aura qu'à les ajouter ; et, à cause du mode de graduation de la mire, leur somme donnera la cote de mire définitive.

Quand on veut opérer rapidement, il est bon d'avoir deux mires dont on fait transporter l'une vers le deuxième point que l'on doit viser, pendant que l'on règle le niveau et que l'on vise le premier. Quand on opère au bord d'un cours d'eau que les profils traversent souvent, il est bon d'avoir également, pour éviter les pertes de temps, un porte-mire sur chaque rive.

Quand on se sert des mires-règles, on doit y suspendre un fil à plomb, de manière à s'assurer qu'elles sont toujours tenues bien verticalement.

L'opérateur doit suivre avec attention les mouvements d'oscillation de la mire d'avant en arrière, ce dont il s'aperçoit par l'instabilité des graduations visées, qui passent tantôt en dessus, tantôt en dessous du fil horizontal du réticule. Plus la position de la mire est oblique, plus longue est la ligne interceptée entre le sol et le plan du niveau ; et quand la mire est verticale, cette ligne atteint son minimum de longueur ; aussi, l'opérateur doit-il prendre pour bonne la cote la plus basse qu'il lit sur la mire.

97. **Mire à coulisse.** La mire à coulisse (*fig.* 72) se compose de deux règles ajustées de telle façon, que la plus petite puisse se mouvoir en glissant dans une rainure pratiquée dans le sens de la longueur de la plus grande, de telle sorte que, repliée, cette mire n'ait, depuis le centre du voyant placé à sa partie supérieure, jusqu'au talon, qu'une longueur de 2 mètres, et que, déployée, elle atteigne une longueur double.

Quand les hauteurs qui correspondent au niveau sont inférieures à 2 mètres, elles sont indiquées sur cette mire par le voyant ou plaque en tôle de 0^m,30 de largeur sur 0^m,20 de hauteur, que l'on fait mouvoir de haut en bas au moyen d'un coulant en cuivre, et que l'on arrête par une vis de pression, au signe fait par le niveleur, quand le milieu du voyant correspond à l'horizontale donnée par le niveau. Alors, le point correspondant au milieu du voyant est marqué, derrière l'instrument, par le point où s'arrête sur la mire, graduée de ce côté de centimètre en centimètre, le point correspondant à zéro d'un petit vernier gradué de millimètre en millimètre sur le coulant en cuivre du voyant. On peut donc, au moyen du vernier, indiquer la cote de la mire à un millimètre près.

Quand les hauteurs qui correspondent au niveau sont supérieures à 2 mètres, on fixe le voyant, par la vis de pression du coulant, à la partie supérieure de la règle à·coulisse, puis on fait glisser cette dernière au moyen d'un coulant en cuivre qu'elle porte à sa partie inférieure, et qui est muni, comme l'autre coulant, d'un vernier gradué de millimètre en millimètre. Ce vernier sert à lire, à partir de sa graduation zéro, les hauteurs indiquées sur la face latérale de la mire graduée de centimètre en centimètre.

98. Du niveau apparent et du niveau vrai. Pour mesurer les différences de niveau de deux points, nous avons dit que l'on rapportait la hauteur de ces points à celle d'un plan horizontal donné par les rayons visuels rasant la surface du liquide contenu dans les deux vases communiquants du niveau d'eau, ou par des lignes parallèles à l'axe du niveau à bulle d'air, fixées par la croisée des fils du réticule et le trou cylindrique de l'oculaire d'une lunette.

Or, la direction de ces rayons visuels n'est autre que celle d'une tangente à la ligne de niveau vrai, partant de l'observateur, et décrivant une courbe dont tous les points doivent être à égale distance du centre de la terre ; l'observation faite au moyen des niveaux donne donc le niveau apparent, et non le niveau vrai, qui doit se trouver constamment au-dessus de la ligne de visée.

La valeur de la différence entre ces deux niveaux se calcule par la formule pratique $h = \dfrac{a^2}{2\mathrm{R}}$, dans laquelle h est l'inconnue, a^2 le carré de la distance qui sépare l'observateur du point visé, $2\mathrm{R}$ le diamètre terrestre ; ou, en adoptant la moyenne déterminée par les calculs de Bessel, 12733478 mètres, dont le logarithme est 7,1049470, et le complément de ce logarithme 2,8950530.

La différence entre le niveau vrai et le niveau apparent s'obtiendra

4

donc, pour une distance de 600 mètres, en remplaçant dans la formule a^2 par $(600)^2$, et 2R par 12733478.

De là : logarithme $(600)^2 = 2 \times \log 600 = 5,55630$

Complément du log 2R $= 2,89505$

Total. . . . 8,45135

D'où log $h = \bar{2},45135$ et $h = 0,02826$.

Pour une distance de 100 mètres, on obtiendrait ainsi une hauteur de 0,0008, c'est-à-dire près d'un millimètre, et, à 1000 mètres, elle dépasserait déjà 78 millimètres.

99. De la réfraction. La réfraction des rayons visuels fait également paraître les objets en dehors, et généralement en dessus de la ligne du niveau. Quoique la réfraction soit extrêmement variable à la surface de la terre, elle peut cependant être évaluée, en moyenne, à huit centièmes de l'angle formé par les rayons terrestres passant par les deux points observés, et peut se calculer par la formule pratique $T = (0,16) h$, dans laquelle T représente la quantité dont le point visé se trouve relevé par la réfraction, et h la hauteur du niveau apparent au-dessus du niveau vrai.

On voit d'après cela qu'à 1000 mètres, la différence de hauteur entre ces deux niveaux étant de $0^m,078$, le point de mire est à $0^m,0125$ au-dessus du niveau apparent. Donc, si l'on voit à 1000 mètres un point sur la ligne horizontale déterminée par le niveau, ce point est réellement plus bas de $0^m,0125$. Ainsi, pour mettre exactement de niveau le point observé et le centre de l'instrument, il faudrait prendre un point à 0,078 — 0,013 ou $0^m,065$ au-dessous de la ligne de mire.

On comprend combien ces opérations rencontreraient de difficultés dans la pratique ; aussi est-il d'usage de diminuer la longueur des rayons visuels de manière à réduire à zéro l'effet de la réfraction qui, à 600 mètres, peut être considérée comme presque nulle, et de n'opérer qu'en plaçant l'instrument à peu près au milieu de la distance qui sépare les deux points observés, pour compenser la différence de hauteur du niveau vrai avec le niveau apparent et les erreurs dues aux imperfections de l'instrument. C'est par l'habitude des opérations que l'on finit par juger exactement quelle est la distance à laquelle on doit se placer. Quand l'intervalle qui sépare deux points observés dépasse 100 mètres, il faut toujours chercher à se placer au milieu de la distance ; lors même que l'intervalle est moindre, il est encore très-bon de se placer à égale distance des deux points visés ; car, si l'axe de la lunette est légèrement dérangé, les erreurs qui résultent des deux observations en avant et en arrière, étant égales, se compensent, et l'on évite ainsi une chance d'erreur.

100. Exécution du nivellement. Supposons que, connaissant l'altitude du point P (*fig.* 73), on veuille déterminer la hauteur des points A, B, C, D. Etant en station au point S entre P et A, sans qu'il soit nécessaire d'être sur la ligne qui joint ces deux points, on fera placer la mire au point P, et la cote lue étant N, je suppose, on fera, sans changer le niveau de place, porter la mire au point A. Si la cote lue au point A est N' inférieure à N, la différence de niveau entre les deux points sera N — N'.

La partie de la mire comprise entre le sol et le plan horizontal passant par l'axe de l'instrument, étant moins grande en A qu'en P, il est évident que le point A est plus élevé que le point P ; donc, la différence N — N' est à ajouter à la cote de hauteur du point P pour avoir celle du point A. Etant en station au point S, entre le point A et le point B, si je lis la cote M sur la mire qui est restée au point A et M' au point B, la hauteur entre le sol et le plan horizontal passant par l'axe de l'instrument étant plus grande en B qu'en A, le point B sera plus bas que le point A, et la différence des deux cotes M' — M devra être retranchée de la cote de hauteur du point A pour obtenir celle du point B. Si, étant en station entre B et C, on lit sur la mire qui est restée au point B une cote M'', et zéro au point C, il est bien évident que la différence de niveau des deux points est égale à M'', quantité dont on doit augmenter la cote de hauteur trouvée pour le point B, pour avoir celle du point C. Enfin, il peut arriver que les deux points observés par le coup de niveau arrière et le coup avant d'une même station donnent sur la mire des hauteurs égales, comme l'indique la figure entre les points C et D : alors ces points sont de niveau et doivent porter la même cote de hauteur.

Remplaçant les lettres par des nombres, et supposant que l'ordonnée du point P, à partir du niveau de la mer, soit 240^m,500, nous inscrirons, sur un carnet disposé comme le tableau E, cette cote dans la colonne des ordonnées, vis-à-vis la lettre ou le chiffre indiquant le profil.

Les cotes lues successivement dans les deux coups arrière donnés sur le point P, avec un niveau Lenoir, par exemple, étant 1^m,902 et 1^m,898, ces deux nombres s'inscriront dans la colonne des cotes de mire générales ; leur moyenne 1^m,900 s'écrira en regard dans la colonne suivante.

Les cotes avant, lues de cette même station sur le point A, 0^m,249 et

0^m,251, s'écriront également dans la colonne des cotes de mire générales ; leur moyenne, 0^m,250, s'écrira en regard dans la colonne suivante. La différence 1^m,650, obtenue en retranchant la deuxième cote de la première, s'écrira dans la colonne des différences en plus, et s'ajoutera au chiffre 240^m,500 ; la somme 242^m,150 sera l'ordonnée du point A.

Le porte-mire étant resté en station au point A, et n'ayant fait que tourner sa mire avec précaution du côté du point où l'opérateur vient de se placer pour sa seconde station, ce dernier, s'étant mis en station, lira, je suppose, pour ses coups arrière sur le point A, deux fois la cote 0^m,623, qu'il écrira dans la colonne des cotes générales et dans celle des cotes moyennes ; puis, si, pour le coup avant sur le point B, il lit des cotes supérieures, 2^m,024 et 2^m,022, après les avoir inscrites dans leur colonne et fait la moyenne 2^m,023 qu'il écrit en regard, il fait la différence entre le coup arrière et le coup avant, en retranchant la première moyenne de la seconde, et inscrit alors la différence dans la colonne des différences en moins. En règle générale, comme nous l'avons expliqué plus haut, toutes les fois que le coup arrière est plus fort que le coup avant, la différence s'écrit dans la colonne des différences en plus ; le contraire a lieu quand le coup arrière est plus faible que le coup avant. En continuant ainsi l'opération, on inscrira dans la colonne des ordonnées, pour celle correspondant au point B, l'ordonnée du point A diminuée de 1^m,400 ou 240^m,750. Si le coup arrière sur le point B donne, à l'autre station, une cote de mire moyenne de 2^m,255, et si le coup avant sur C donne zéro, on inscrira la différence 2^m,255 dans la colonne des différences en plus, et l'on augmentera de cette quantité l'ordonnée du point B ; la somme donnera celle du point C, ou 243^m,005. Si les deux coups arrière et avant donnent pour moyenne à la station suivante deux quantités égales, la différence étant nulle, on conservera pour le point D la même ordonnée que pour le point C, etc.

Le petit tableau en regard de la feuille du carnet sert à vérifier l'exactitude des calculs ; la différence entre la somme des coups arrière et des coups avant doit être égale à celle qui existe entre les sommes des différences en plus et des différences en moins, et, par conséquent, à la différence entre la première ordonnée et la dernière obtenue.

C'est en suivant la méthode que nous venons d'exposer que s'exécute le nivellement d'un profil en long.

E

101. Carnet de nivellement.

NUMÉROS DES PIQUETS.	DISTANCES.	COTES DE MIRE générales.	COTES DE MIRE moyennes.	DIFFÉRENCES en plus.	DIFFÉRENCES en moins.	ORDONNÉES.	INDICATIONS GÉNÉRALES.
Report..... P ou 0		Arrière.. { 1,902 ; 1,898 }	1,900			240,500	
A ou 1	40,00	Avant.. { 0,249 ; 0,251 }	0,250	1,650		242,150	
		Arrière.. { 0,623 ; 0,623 }	0,623				
B ou 2	60,00	Avant.. { 2,024 ; 2,022 }	2,023		1,400	240,750	
		Arrière.. { 2,255 ; 2,255 }	2,255				
C ou 3	50,00	Avant.. { 0,000 ; 0,000 }	0,000	2,255		243,005	
		Arrière.. { 1,101 ; 1,101 }	1,101				
D ou 4	50,00	Avant.. { 1,102 ; 1,100 }	1,101		0,000	243,005	
A reporter..	200,00						A reporter.....

VÉRIFICATION.

COTES MOYENNES arrière.	COTES MOYENNES avant.	DIFFÉRENCES en plus.	DIFFÉRENCES n moins.
1,900	0,250	1,650	
0,623	2,023		1,400
2,255	0,000	2,255	
1,101	1,101		0,000
5,879	3,374	3,905	1,400
3,374		1,400	
2,505		2,505	

102. Quand un profil en long est nivelé sur le terrain, on relève ordinairement, afin de pouvoir établir les calculs des déblais et remblais, des profils en travers qui s'étendent plus ou moins loin, perpendiculairement à droite et à gauche de l'axe. L'opérateur, muni d'une équerre d'arpenteur, suit le piquetage de l'axe ; il place son équerre à chaque piquet, et établit en visant sur le piquet suivant une ligne normale à la direction du tracé ; il fait jalonner cette ligne et la fait chaîner de distance en distance, suivant les changements de pente et les accidents de terrain. Il tient note exacte de ces chaînages, repère provisoirement par de petites baguettes les points ainsi déterminés, et où il devra faire poser la mire, puis il opère sur ce profil, comme il a été expliqué pour le profil en long, en partant du piquet d'axe dont la cote a été calculée antérieurement.

Cette opération se fait ordinairement au niveau d'eau ; l'opérateur a soin de noter exactement sur son carnet le côté de l'axe vers lequel il opère. On emploie avec avantage un carnet disposé comme l'indique le tableau F. En face de ce tableau, le verso de la page précédente est entièrement blanc, et permet de dessiner les croquis comme l'indique la figure 74.

Si d'une seule station on peut niveler un certain nombre de points dont les ordonnées sont à déterminer, il est un moyen pratique très-expéditif de calculer ces cotes. L'instrument étant en station, on lit la cote de la mire placée sur le repère ; cette cote ajoutée à l'ordonnée du repère se rapporte nécessairement au niveau du plan horizontal passant par l'axe de l'instrument, et par conséquent, si on prend ce niveau pour plan de comparaison, et que de son ordonnée on retranche toutes les longueurs de mire lues au-dessous de ce plan, aux différents points où l'on aura fait poser la mire, on obtiendra directement, par cette seule opération, les cotes de hauteur de ces points. Prenons pour exemple l'un des côtés du profil en long calculé à la table F, le côté droit par exemple ; si de notre station nous lisons sur le piquet n° 1 servant de repère, une hauteur de $0^m,25$, c'est que le plan horizontal passant par le centre de l'instrument est à $0^m,25$ au-dessus du piquet n° 1, dont l'ordonnée est $242,15$; donc, l'ordonnée de ce plan sera $242^m,15 + 0^m,25$ ou $242^m,40$. De cette même station, visant le premier point vers la droite à partir de l'axe, je lis sur la mire une hauteur de $1^m,75$; donc, ce point est à $1^m,75$ en contre-bas du plan du niveau ; pour avoir son ordonnée, il suffit donc de retrancher $1,75$ de $242,40$. Visant la mire placée sur le deuxième point du profil, si nous lisons une cote de $2^m,58$, il faudra, pour avoir l'ordonnée de ce point, retrancher 2,58 de la cote du niveau 242,40, et ainsi de suite pour tous les points que l'on pourra niveler sans changer de station.

Quand on opère de cette manière, il est bon d'inscrire sur le croquis les cotes de mire et les ordonnées.

F

103. Carnet de profils en travers.

GAUCHE.				AXE. PIQUET D'ORDRE.	DROITE.				
ORDONNÉES	DIFFÉRENCES		COTES de mire.	DISTANCES		DISTANCES	COTES de mire.	DIFFÉRENCES		ORDONNÉES
	en moins.	en plus.						en plus.	en moins.	
242.15			1.50		1		0.25			242.15
243.15		1.00		10.00		9.00			1.50	240.65
			0.50				1.75			
			1.70				0.34			
244.55		1.40		5.00		5.00			0.83	239.82
			0.30				1.17			
			1.65				0.06			
245.95		1.40		10.00		11.00			0.98	238.84
			0.25				1.04			

104. Lorsque l'on veut tracer sur un plan les courbes horizontales du niveau, autrement dit les courbes d'intersection de certains plans horizontaux avec la surface du sol, on rapporte sur le terrain certaines grandes lignes du plan faciles à repérer. On élève sur ces lignes, à des distances déterminées, des perpendiculaires dont on indique la direction par deux jalons ; puis, sur ces perpendiculaires, on fait marcher le porte-mire jusqu'à ce que l'instrument qu'il porte marque la hauteur correspondant à la courbe que l'on veut établir. Ainsi, le repère de nivellement étant à la cote $22^m,50$, si l'on veut obtenir la courbe horizontale correspondant à la cote $21^m,00$, on fera arrêter le porte-mire sur chaque perpendiculaire, toutes les fois que la mire portant sur le terrain et tenue bien d'aplomb marquera $1^m,50$; on chaînera, sur la perpendiculaire, la distance qui sépare ce point de la ligne, et l'on marquera cette longueur sur le croquis. Pour opérer rapidement de cette manière, il est indispen-

sable d'avoir des porte-mires bien dressés, et deux bons chaîneurs opérant sous la direction d'un aide qui tracera les perpendiculaires et fera les croquis, pendant que l'opérateur s'occupera du nivellement.

Quelquefois, au lieu de tracer des courbes horizontales, on cote un plan au moyen de grandes lignes que l'on nivelle avec soin, et sur lesquelles on prend des repères pour niveler ensuite les sentiers, chemins, rives de cours d'eau et tous les points remarquables que l'on sait pouvoir retrouver sur le plan.

Cette méthode est très-avantageuse pour les projets que l'on veut étudier rapidement.

Quand on nivelle un profil en long, on doit, tout en opérant sur les piquets d'axe du tracé, placer des repères sur un certain nombre de points remarquables que l'on rencontre latéralement à la ligne d'opération ; sur des bornes, des plinthes d'aqueducs, des socles de maisons, des rochers faciles à retrouver ; on marque ces repères d'une lettre ou d'un numéro, et l'on en tient note exactement sur le carnet, afin de pouvoir les retrouver plus tard, lorsque l'exécution des terrassements aura fait disparaître les piquets d'axe. On doit également repérer avec soin, hors de l'axe, les points de tangence des courbes, et indiquer pour chacune, sur un carnet, à quelle distance de l'axe se trouvent ces repères, etc.

105. **Des croquis.** Les croquis sont des esquisses faites à la hâte pour indiquer largement les traits principaux d'un objet.

Un croquis doit s'exécuter avec beaucoup de netteté, les traits définitifs doivent être indiqués avec vigueur, les lignes de construction par des tirets, les lignes cachées par une suite de petits points. On doit esquisser d'abord très-légèrement l'ensemble de ce que l'on veut représenter, en s'attachant surtout à la position des grandes lignes ; puis, on groupe les détails autour des points principaux, en en dessinant d'abord les contours. Dans les croquis, les cotes de nivellement se placent ordinairement entre parenthèses. Les figures 75 et 76 indiquent à peu près de quelle manière peuvent être traités ces sortes de dessins. Le moyen de s'apprendre à tracer un croquis avec hardiesse est de dessiner, d'après nature et à main levée, des objets de toute forme, en commençant par des figures géométriques et des corps aux contours réguliers. Nous ne parlons de cette partie graphique des travaux, que parce qu'il est indispensable à l'opérateur de savoir tracer un croquis ; de plus amples explications à ce sujet nous feraient dépasser les limites dans lesquelles cet exposé doit être restreint.

FORMULES ET RENSEIGNEMENTS PRATIQUES.

106. Valeurs diverses.

π	$= 3,1415926535.$
$\text{Log } \pi$	$= 0,4971495.$
Surface de cercle	$= \pi R^2.$
Id. de secteur	$= \text{arc} \times \dfrac{R}{2}.$
Pyramide	$= B \times \dfrac{H}{3}.$
Tronc de pyramide	$= \dfrac{1}{3} H(A+B+\sqrt{AB}).$
Tronc de prisme triangulaire	$= \dfrac{B}{3}(H+H'+H'').$
Cylindre	$= \pi R^2 \times H.$
Cône	$= \dfrac{1}{3} \pi R^2 \times H.$
Cône tronqué	$= \dfrac{1}{3} \pi H (R^2+r^2+Rr).$
Sphère (volume)	$= \dfrac{4}{3} \pi R^3.$
Id. (surface)	$= 4\pi R^2.$
Secteur sphérique	$= \dfrac{2}{3} \pi R^2 H.$
Segment sphérique à deux bases	$= \left(\dfrac{B+b}{2}\right)H + \dfrac{1}{6}\pi H^3.$
Id. id. à une base	$= \dfrac{1}{2} BH + \dfrac{1}{6}\pi H^3.$
Surface de l'ellipse	$= \pi \dfrac{a \times A}{4}.$

TRIANGLES RECTANGLES.

Connaissant l'hypoténuse a et un côté b :

$$\sin B = \frac{R \times b}{a}.$$

$$\widehat{C} = 90^0 - B.$$

$$c = \frac{\cot B \times b}{R} \text{ ou } \log C = \frac{1}{2}\log(a+b) + \frac{1}{2}\log(a-b).$$

Connaissant les deux côtés de l'angle droit, b et c :

$$\text{tg } c = \frac{Rb}{c}.$$

$$\widehat{B} = 90^0 - c.$$

$$a = \frac{Rb}{\sin B}.$$

Connaissant l'hypoténuse a et un angle B :

$$\widehat{C} = 90^0 - B.$$

$$b = \frac{a \sin B}{R}.$$

$$c = \frac{a \sin C}{R}.$$

Connaissant un côté b de l'angle droit et un des angles aigus B :

$$\widehat{C} = 90^0 - B.$$

$$a = \frac{R \times b}{\sin B}.$$

$$c = \frac{\cot B \times b}{R}.$$

TRIANGLES RECTILIGNES EN GÉNÉRAL.

Connaissant un côté a et deux angles $\widehat{A}$ et $\widehat{B}$:

$$\widehat{C} = 180^0 - (A + B).$$

$$b = \frac{a \sin B}{\sin A}.$$

$$c = \frac{a \sin C}{\sin A}.$$

Connaissant deux côtés a et b et l'angle $\widehat{A}$ opposé à l'un d'eux :

$$\sin B = \frac{b \sin A}{a}.$$

$$\widehat{C} = 180^0 - (A + B).$$

$$c = \frac{a \sin C}{\sin A}.$$

Étant donnés deux côtés a et b avec l'angle compris $\widehat{C}$:

$$\operatorname{tg} \tfrac{1}{2} A - B = \frac{\cot \tfrac{1}{2} c \times (a - b)}{a + b}.$$

$$\widehat{A} = \tfrac{1}{2}(A + B) + \tfrac{1}{2}(A - B).$$

$$\widehat{B} = \tfrac{1}{2}(A + B) - \tfrac{1}{2}(A - B).$$

$$c = \frac{a \sin c}{\sin A}.$$

$$a = \frac{c \sin A}{\sin C}.$$

Étant donnés les trois côtés a, b, c :

$$\cos \tfrac{1}{2} A = R \sqrt{\left(\frac{(p - a)p}{bc} \right)},$$

$$\text{ou} \quad \operatorname{tg} \tfrac{1}{2} A = R \sqrt{\left(\frac{(p - b \cdot p - c)}{p \cdot p - a} \right)}.$$

Aire d'un triangle au moyen des trois côtés :

$$S = \sqrt[2]{p(p-a)(p-b)(p-c)},$$

ou $\quad \log S = \frac{1}{2}(\log p + \log p - a + \log p - b + \log p - c).$

FORMULES DU CERCLE EMPLOYÉES POUR LE TRACÉ DES COURBES.

1° Par les tangentes, $\qquad Y = R \pm \sqrt[2]{R^2 - X^2}.$

2° Par les sécantes, $\begin{cases} \text{premier point,} & x = \dfrac{D^2}{2R}. \\ \text{deuxième point et suivants,} & x = \dfrac{D^2}{R}. \end{cases}$

Rayon en fonction de la demi-corde et de la flèche, $R = \dfrac{c^2 + f^2}{2f}.$

DENSITÉS MOYENNES DE DIVERS CORPS.

Eau distillée à 4 degrés....	1,000
Laiton.................	8,470
Cuivre rouge fondu......	8,788
Fer fondu..............	7,207
Fer en barres...........	7,788
Bois de chêne (cœur).....	1,170
Chêne, le plus léger......	0,850
Sapin..................	0,657
Peuplier ordinaire........	0,383
Hêtre.................	0,852
Frêne.................	0,845
Maçonnerie de moellons...	1,700 à 2,300
Marbre................	2,838
Terre argileuse..........	1,600
Terre glaise............	1,900
Terre végétale légère.....	1,400
Sable pur..............	1,900
Sable terreux...........	1,700
Mortier de chaux et sable.	1,856 à 2,142

FIN.

TABLE DES MATIÈRES.

PREMIÈRE PARTIE. — INSTRUMENTS EMPLOYÉS POUR LES TRACÉS.

CHAPITRE I. — ALIGNEMENTS.

1.	Des instruments à employer.	1
2.	Fil à plomb.	1
3.	Jalons ordinaires.	2
4.	Petits jalons.	2
5.	Balises.	2
6.	Repères des sommets.	3
7.	Patins pour les balises provisoires.	3
8.	Balise à chevalet.	3
9.	Théodolite ou cercle répétiteur.	3
10.	Niveau-cercle.	3
11.	Description du cercle répétiteur.	4
12.	Manière d'opérer avec le cercle.	5
13.	Précautions à observer pendant l'opération.	5
14,15,16.	Vérification du cercle.	6
17.	Cercle théodolite à planchette.	7
18.	Manière d'opérer avec cet instrument.	8

CHAPITRE II. — CHAINAGES.

19.	Instruments de chaînage.	9
20.	Chaîne d'arpenteur.	9
21.	Décamètre en ruban d'acier.	9
22.	Roulette.	10
23.	Précautions à prendre pour les chaînages.	10
24.	Vérification de la chaîne.	10
25.	Correction de la longueur de la chaîne.	11
26.	Exécution du chaînage.	11
27.	Jeu de fiches.	12
28.	Manière de placer les fiches.	12
29.	Emploi du fil à plomb dans les chaînages.	12
30.	Fiche-plomb.	12
31.	Obstacle vertical.	13
32.	Chaînage dans les pentes abruptes.	13
33.	Obstacle horizontal.	13
34.	Vérification du chaînage.	13

CHAPITRE III. — DES GONIOMÈTRES.

35.	Cercle répétiteur	14
36.	Graphomètre	14
37.	Vérification du graphomètre	14
38.	Équerre d'arpenteur	15
39.	Vérification de l'équerre	15
40, 41.	Emploi de l'équerre d'arpenteur	15, 16
42, 43.	Manière de planter le bâton d'équerre	16
44.	Équerre graduée	16
45.	Boussole	17
46.	Description de la boussole	18
47.	Emploi de la boussole	19
48.	Tracé des parallèles avec la boussole	19
49.	Emploi de la boussole dans les levés	20

DEUXIÈME PARTIE. — TRACÉ DES ALIGNEMENTS.

50.	Détermination et tracé d'un alignement	21
51.	Prolongement d'un alignement	21
52.	Précautions à prendre en plantant les jalons	21
53.	Tracé de points intermédiaires	22
54.	Signaux	23
55.	Emploi du cercle pour déterminer des points intermédiaires	23
56.	Emploi de l'équerre d'arpenteur	24
57.	Tracé par tâtonnements	24
58 à 63.	Des obstacles	24 à 26
64.	Notions élémentaires sur le tracé des galeries souterraines	26
65.	Puits sur l'axe	26
66.	Puits hors de l'axe	28
67.	Galeries en courbe	29
68.	Puits des galeries en courbe	30

TROISIÈME PARTIE. — DU TRACÉ DES COURBES.

69.	Détermination des points de tangence	31
70.	Mesure de l'angle au centre par le chaînage	31
71.	Tracé des courbes par les tangentes	32
72.	— — pour des développements correspondant à des arcs égaux	32
73.	Table A pour le tracé des courbes	33
74.	Tracé des courbes d'un grand développement	33
75.	Tracé par les sécantes	34
76.	Développements des arcs de cercle	35
77.	Table des développements de degré en degré pour une courbe de 1 mètre de rayon	36
78.	Table des développements de minute en minute pour une courbe de 1 mètre de rayon	37

79. Table des développements de seconde en seconde pour une courbe de
    1 mètre de rayon.. 37
80. Usage de ces tables 37
81. Moyen pratique à employer sur le terrain pour calculer les développe-
    ments des arcs de cercle. 38
82. Du piquetage. 39

QUATRIÈME PARTIE. — DES NIVELLEMENTS.

83. Des nivellements.. 41
84. Instruments employés pour les nivellements. 41
85. Niveau d'eau 41
86. Limites de l'emploi du niveau d'eau.. 42
87. Obturateurs des fioles du niveau d'eau 42
88. Niveau à perpendicule. 43
89. Niveau à plateau ou de Lenoir. 43
90. Vérification du niveau à plateau 44
91. Emploi du niveau à plateau.. 45
92. Précautions à observer en faisant usage du niveau à plateau. . . . 45
93. Niveau d'Egault. 46
94. Vérification du niveau d'Egault. 46
95. Mires.. 47
96. Mire lectrice.. 47
97. Mire à coulisse.. 48
98. Du niveau apparent et du niveau vrai. 49
99. De la réfraction. 50
100. Exécution du nivellement 51
101. Carnet de nivellement 53
102. Profils en travers. 54
103. Carnet de profils en travers.. 55
104. Tracé des courbes horizontales. 55
105. Des croquis. 56
106. Tables, formules et renseignements divers. 57

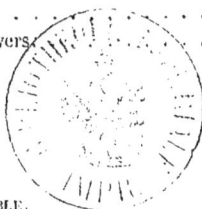

FIN DE LA TABLE.

Pl. 1.

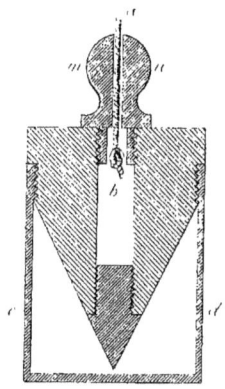

fig. 1.

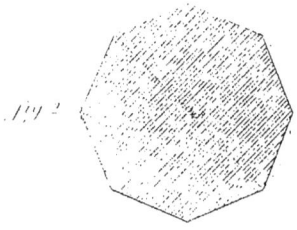

fig. 2.

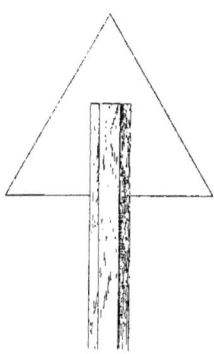

fig. 3.

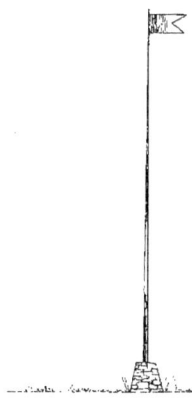

fig. 4.

fig. 5.

Pl. 2.

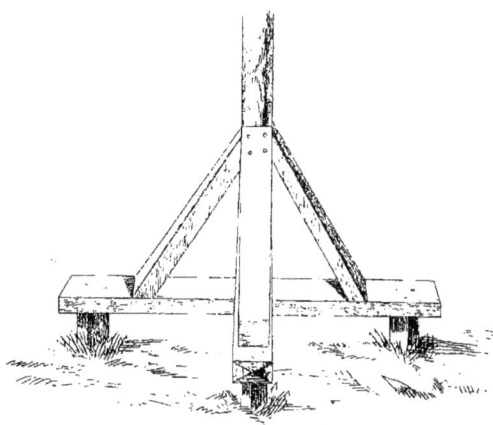

fig. 6.

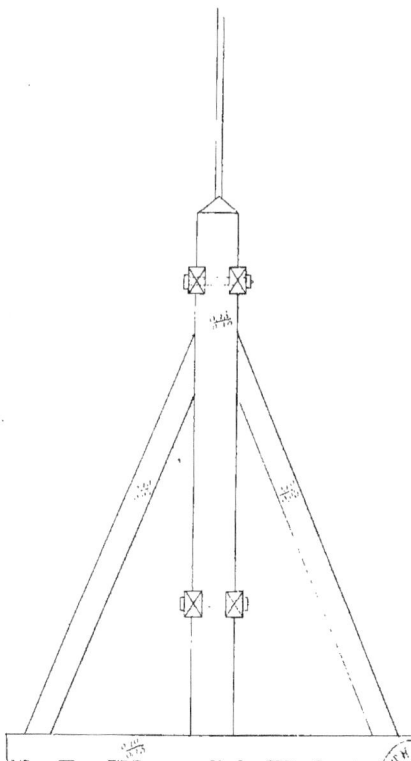

fig. 7.

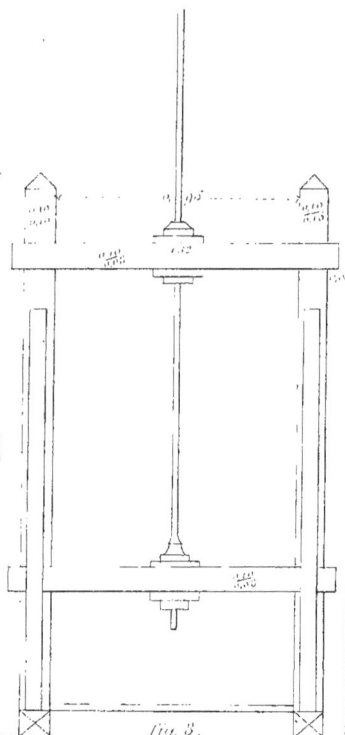

fig. 8.

Pl. 2.

Pl. 3.

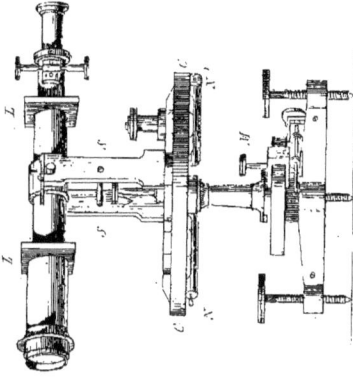

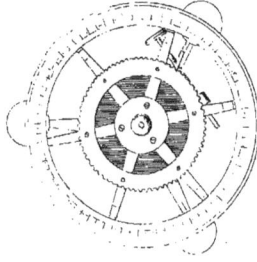

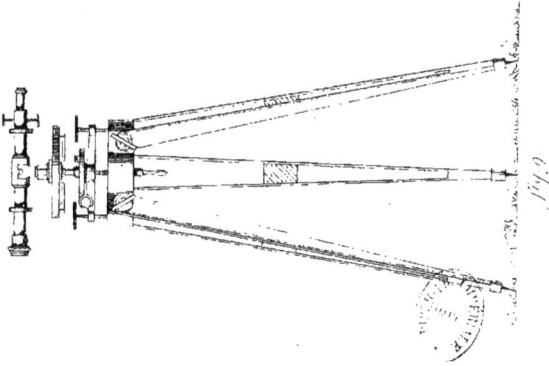

fig. 10.

fig. 11.

fig. 9.

Pl. 4.

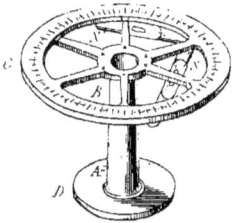

fig. 13.

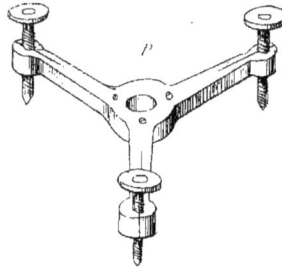

fig. 15.

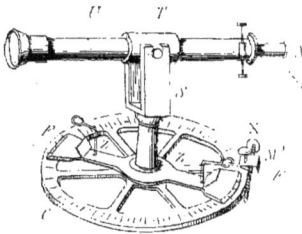

fig. 14.

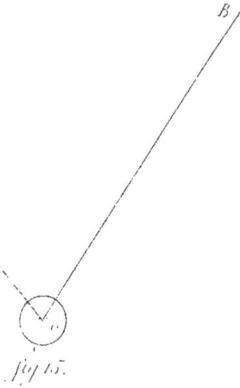

fig. 15.

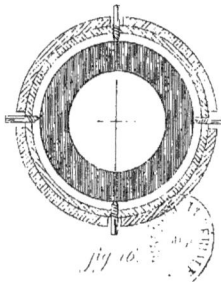

fig. 16.

Pl. 5

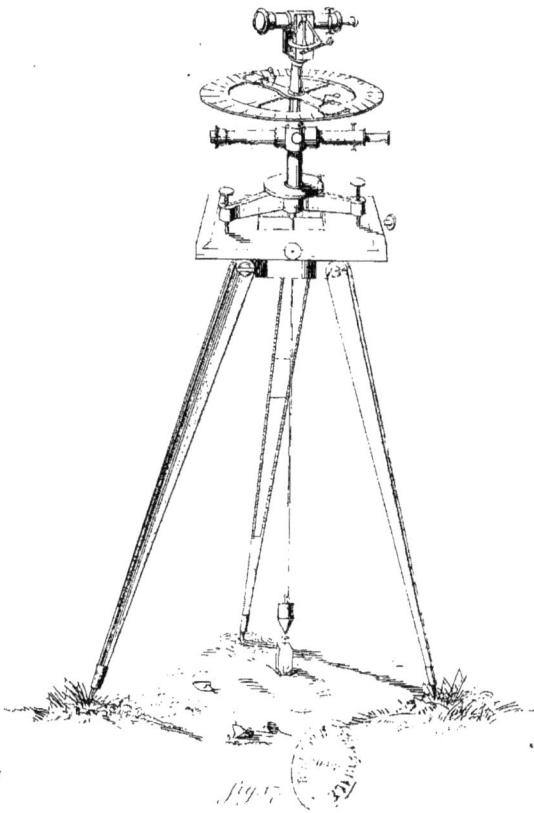

fig. 7.

Etabl.t de F. Noblet, Éditeur.

Pl. 6.

Pl. 6.

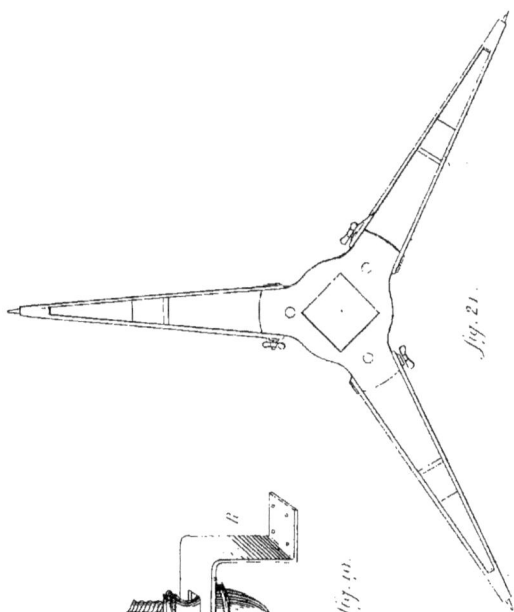

Fig. 21.

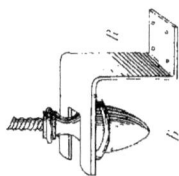

Fig. 19.

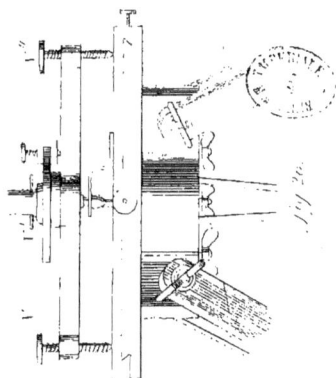

Fig. 22.

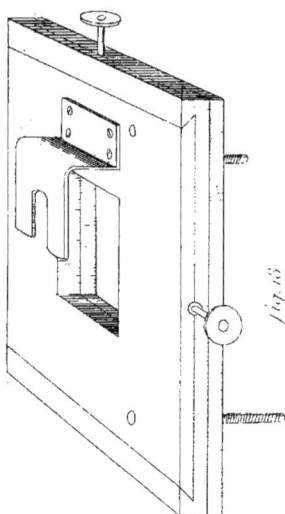

Fig. 23.

Fig. 20.

Établt. de L'Achint, Éditeur.

Pl. 7

Pl. 7

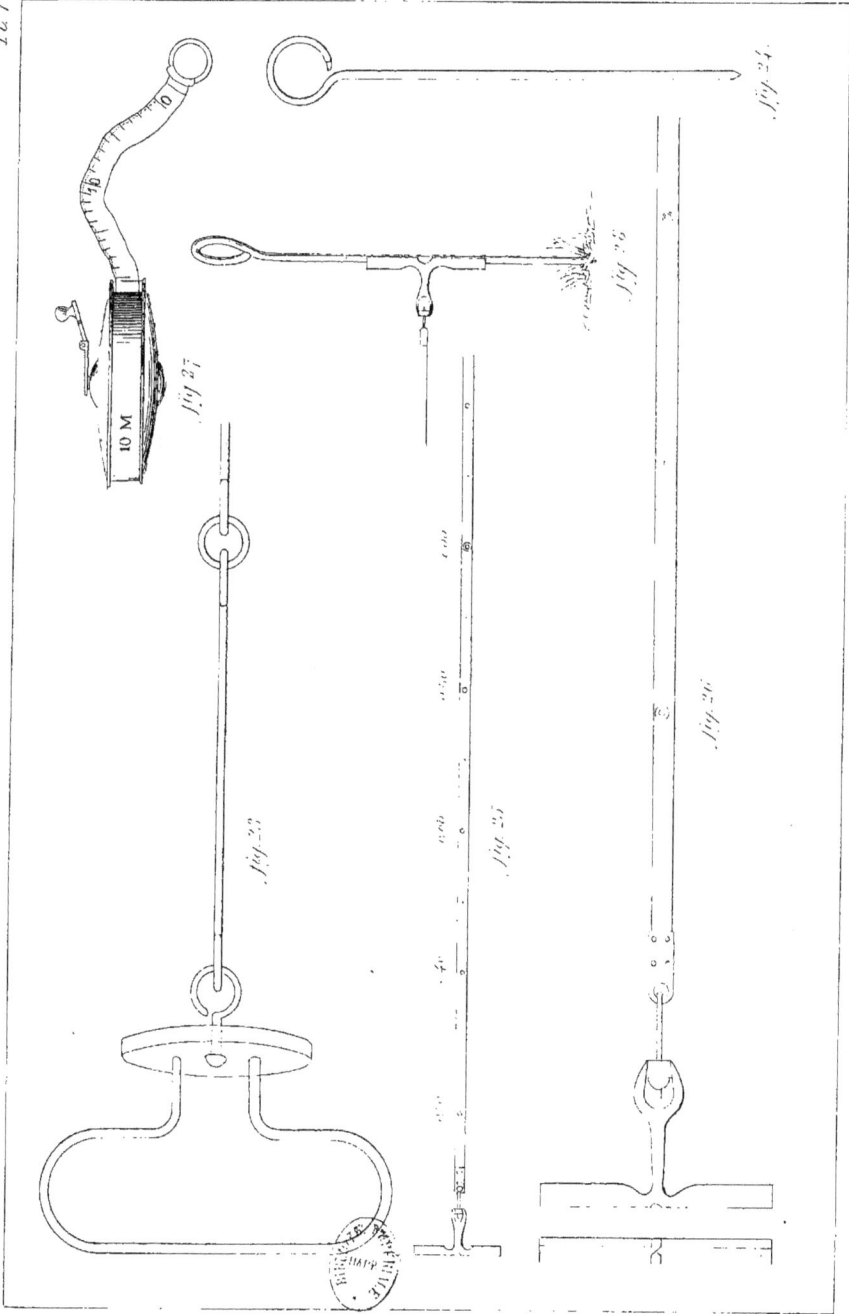

Fig. 24.

Fig. 26.

Fig. 25.

Fig. 23.

Fig. 27.

10 M

Pl. 3

fig 29.

fig 30.

Pl. 9.

fig. 32.

A　B　fig. 33.

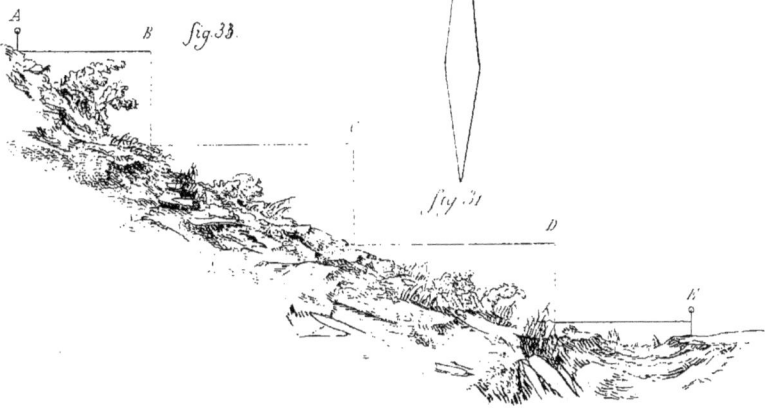

fig. 31.

D

E

A　　B　　　　　　　C　　　　　　D

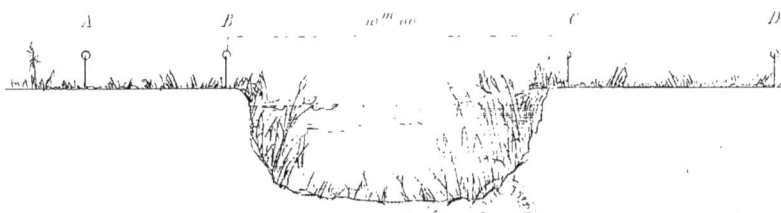

fig. 34.

Pl.10

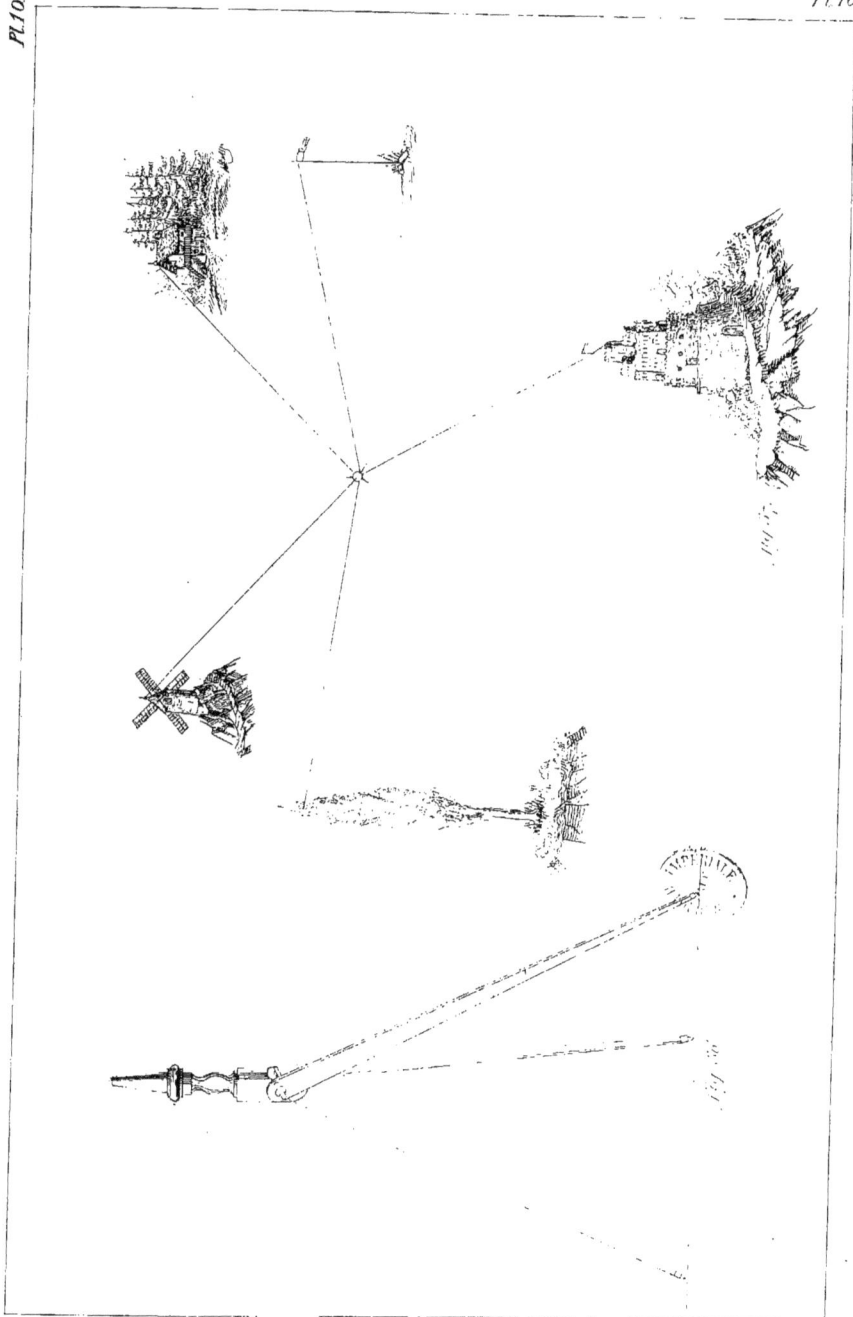

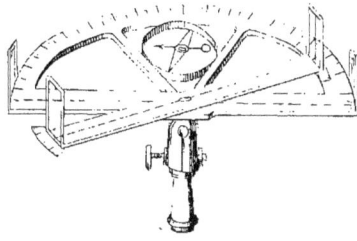

fig. 3.

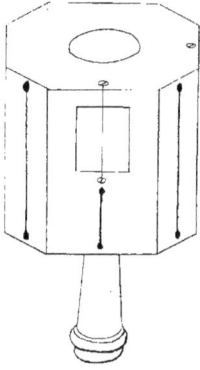

fig. 38.

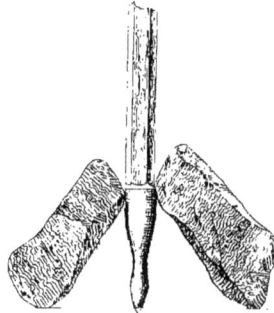

fig. 42.

fig. 39.

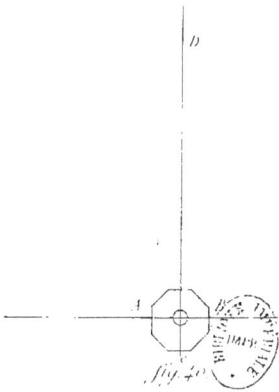

fig. 40.

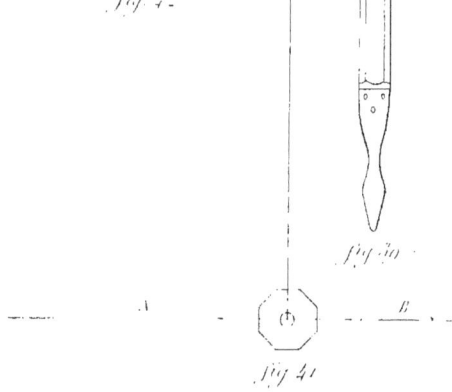

fig. 41.

Pl. 12.

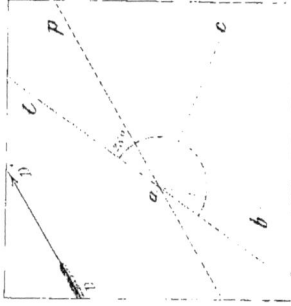

fig. 45.

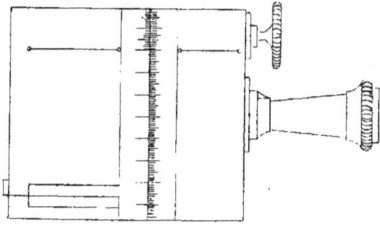

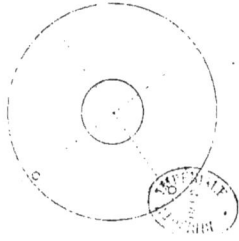

fig. 43.

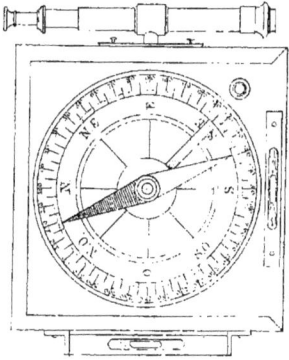

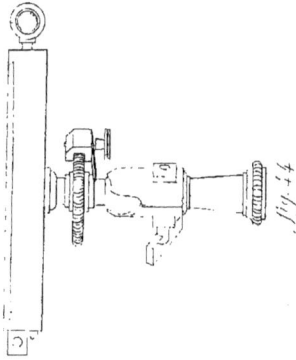

fig. 44.

Etabt.¹ de F. Niklet, Editeur.

Pl. 15.

fig. 46.

fig. 47.

fig. 48.

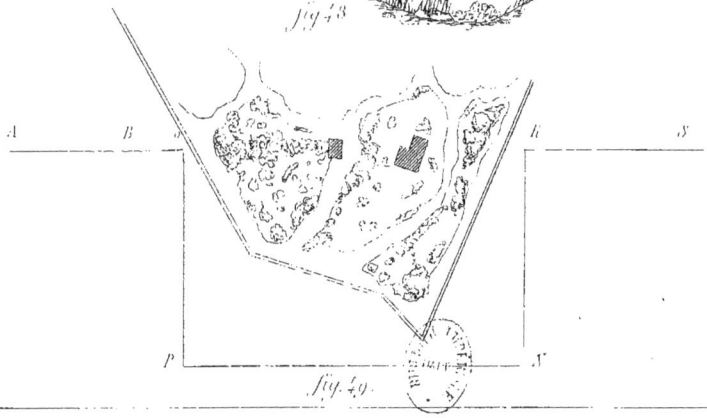

fig. 49.

Pl. 14.

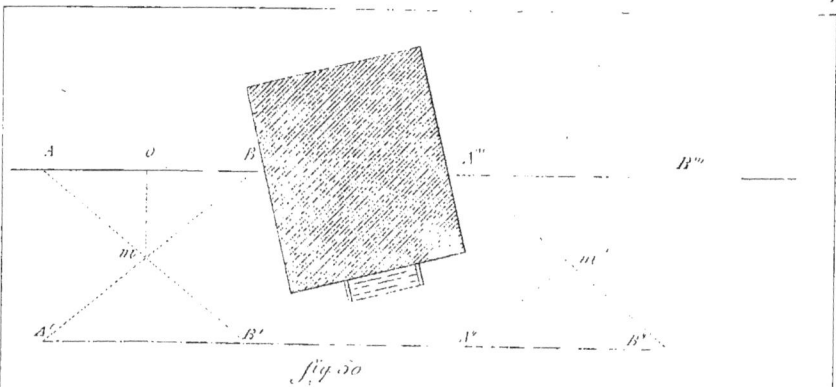

fig. 50.

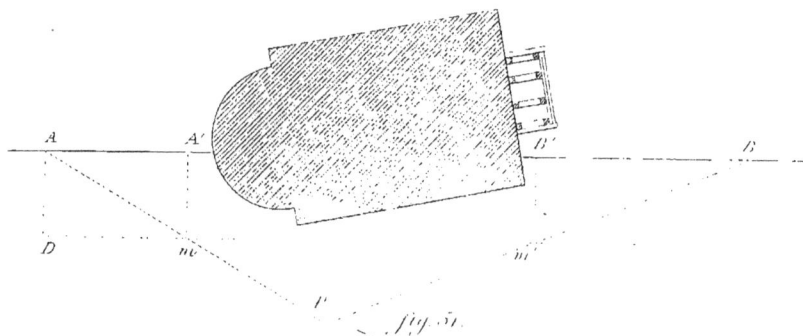

fig. 51.

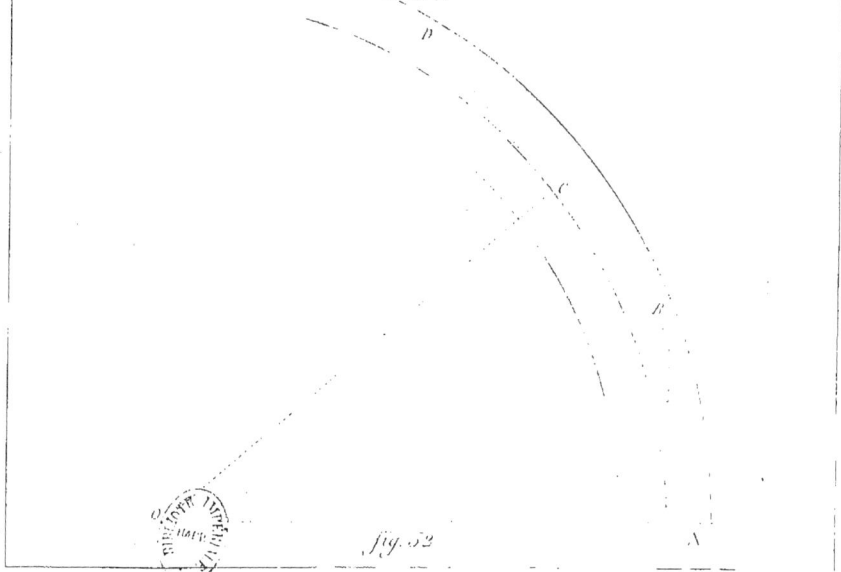

fig. 52.

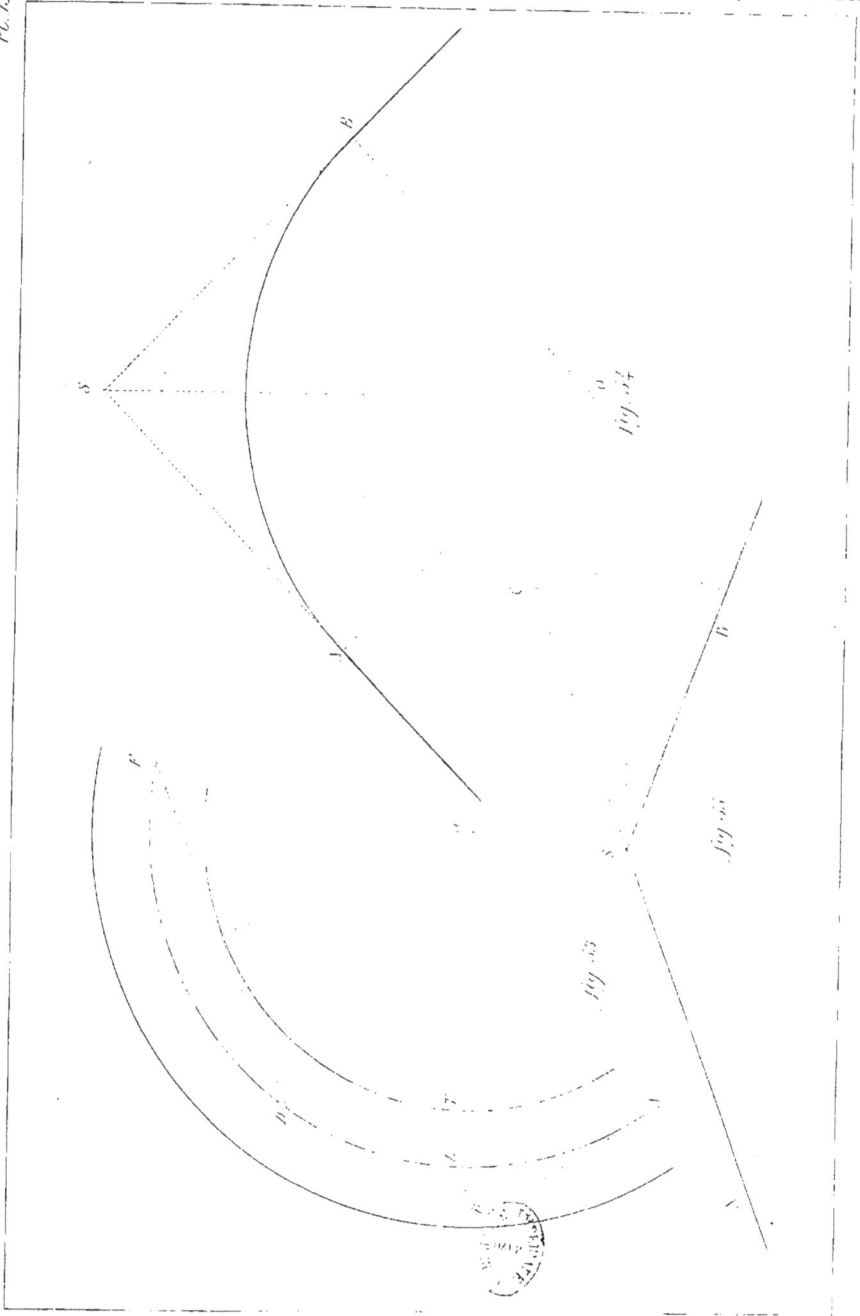

Pl. 15.

Fig. 54.

Fig. 55.

Fig. 56.

Pl. 16
Pl. 16.

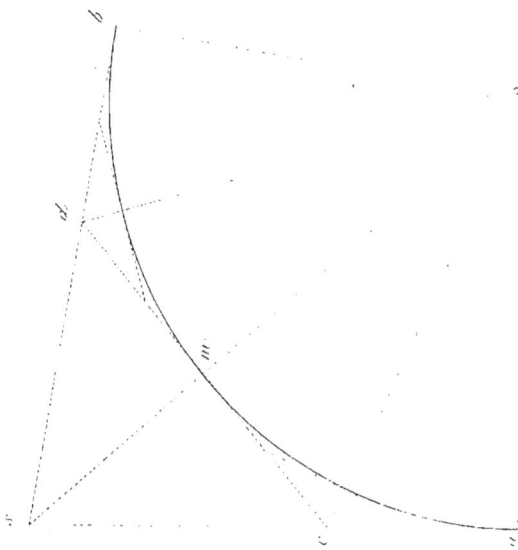

fig. 55

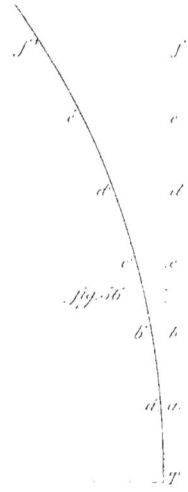

fig. 56

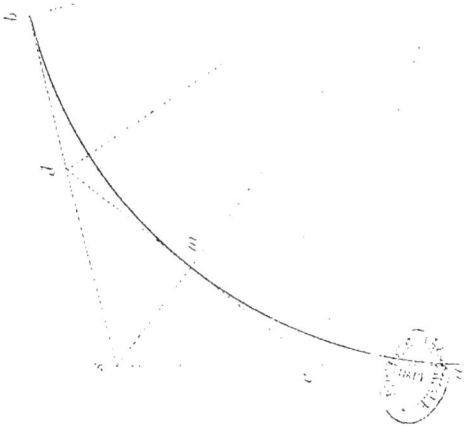

fig. 57

Pl. 17.

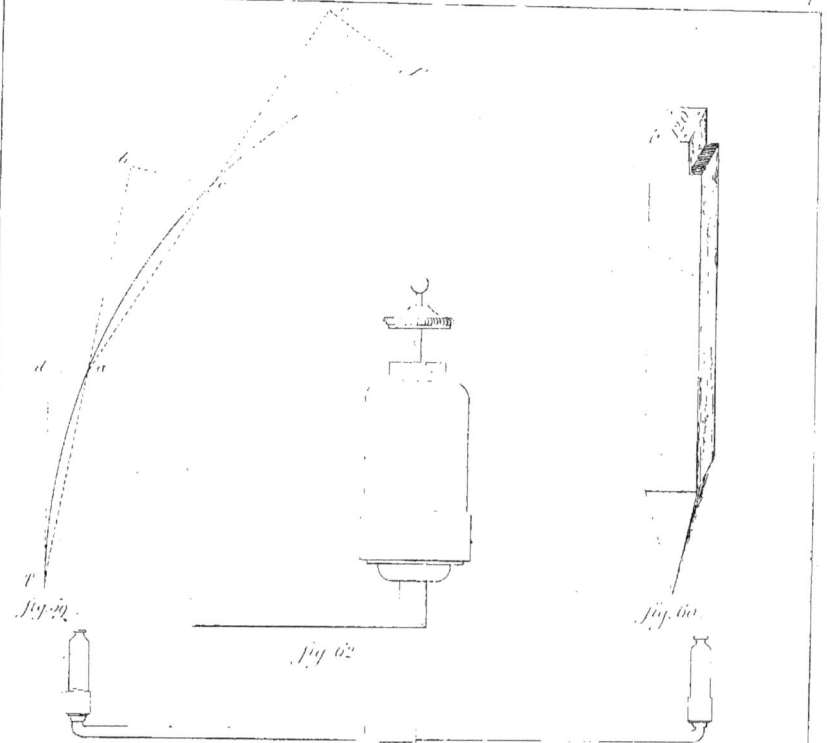

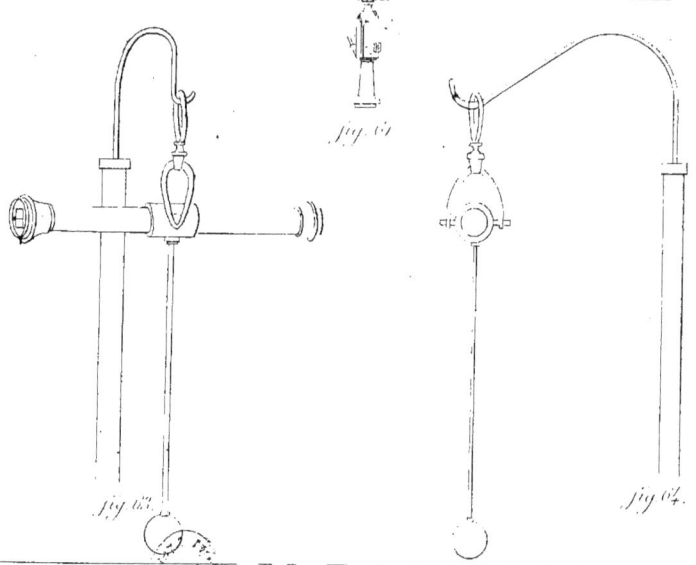

fig. 59.

fig. 62.

fig. 60.

fig. 61.

fig. 63.

fig. 64.

Établ.t de E. Noblet, Éditeur.

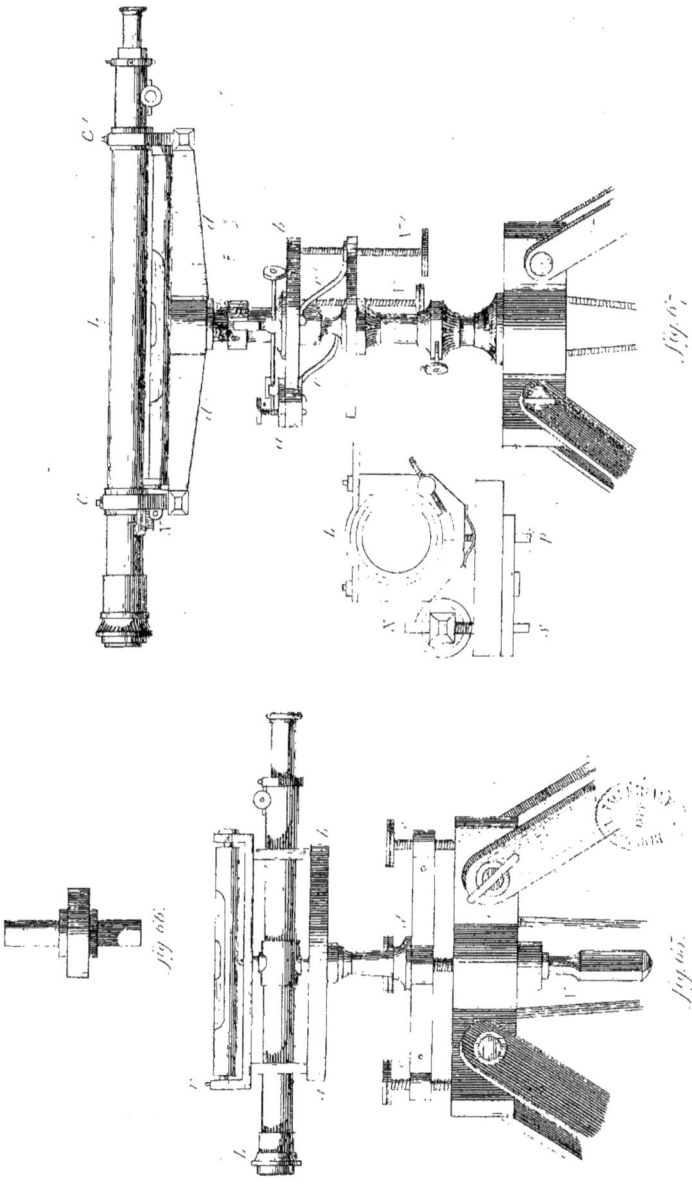

fig. 6.

fig. 65.

fig. 62.

fig. 63.

Pl. 19

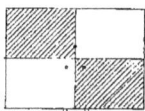

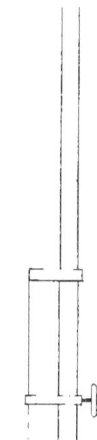

fig. 68   fig. 69

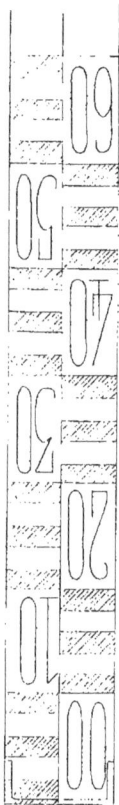

fig. 70

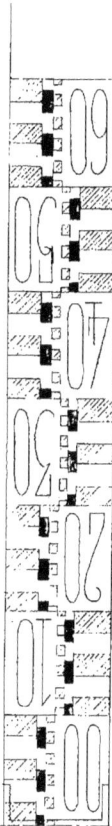

fig. 71

fig. 72

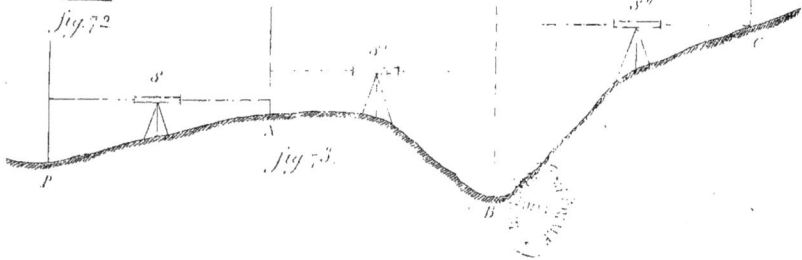

fig. 73.

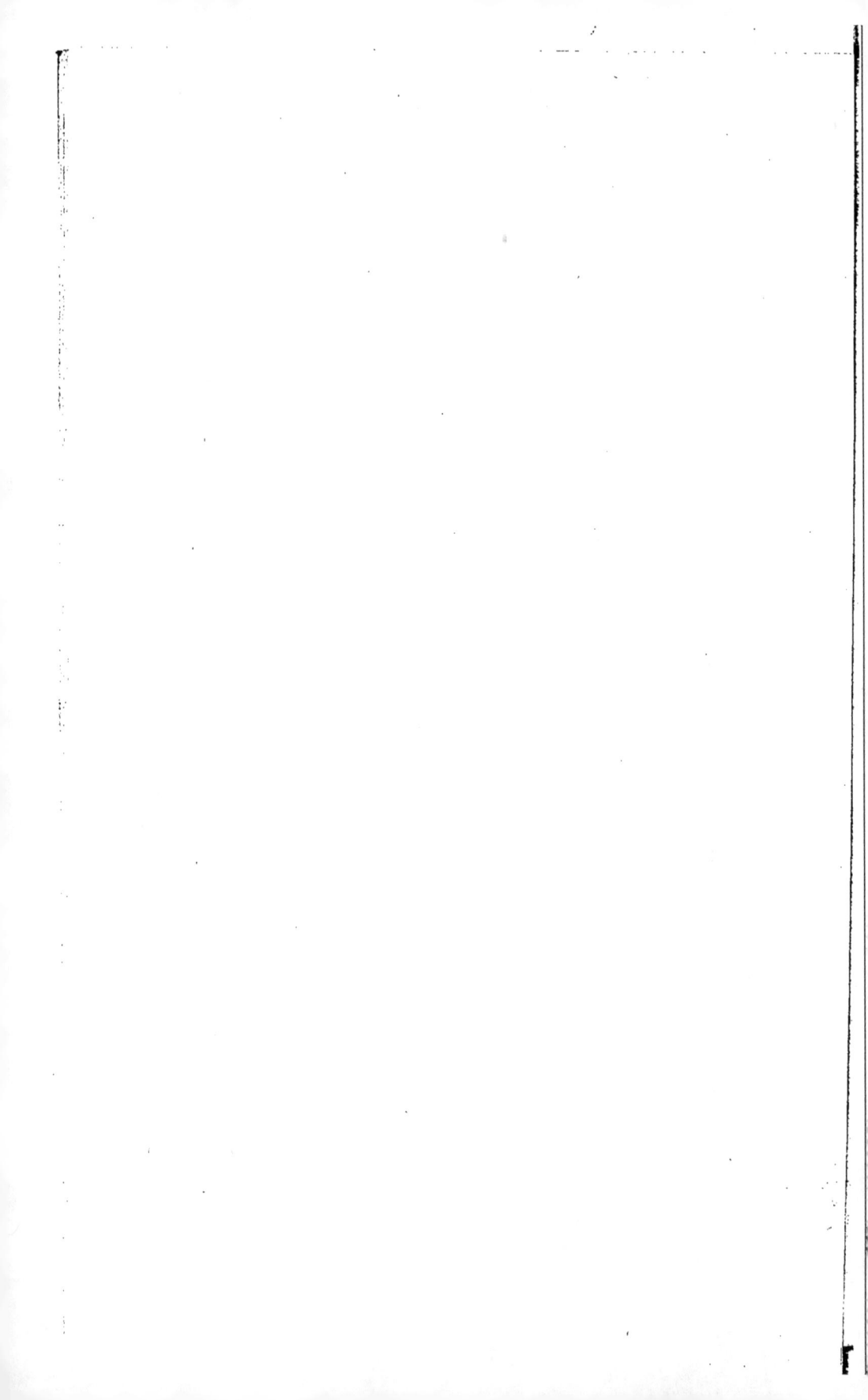

Pl. 20.

P. Nᵒ 1.

10,00   5,00   10,00   0,00   5,00   10,00

fig 74.

S.

22,00

30,00

9,00

12,00   9,00   18,00   11,00   10,00

9,00   15,00   9,00

500

12° 20'   12° 20'

R. 100 m 00   R. 100 m 00

fig 75.

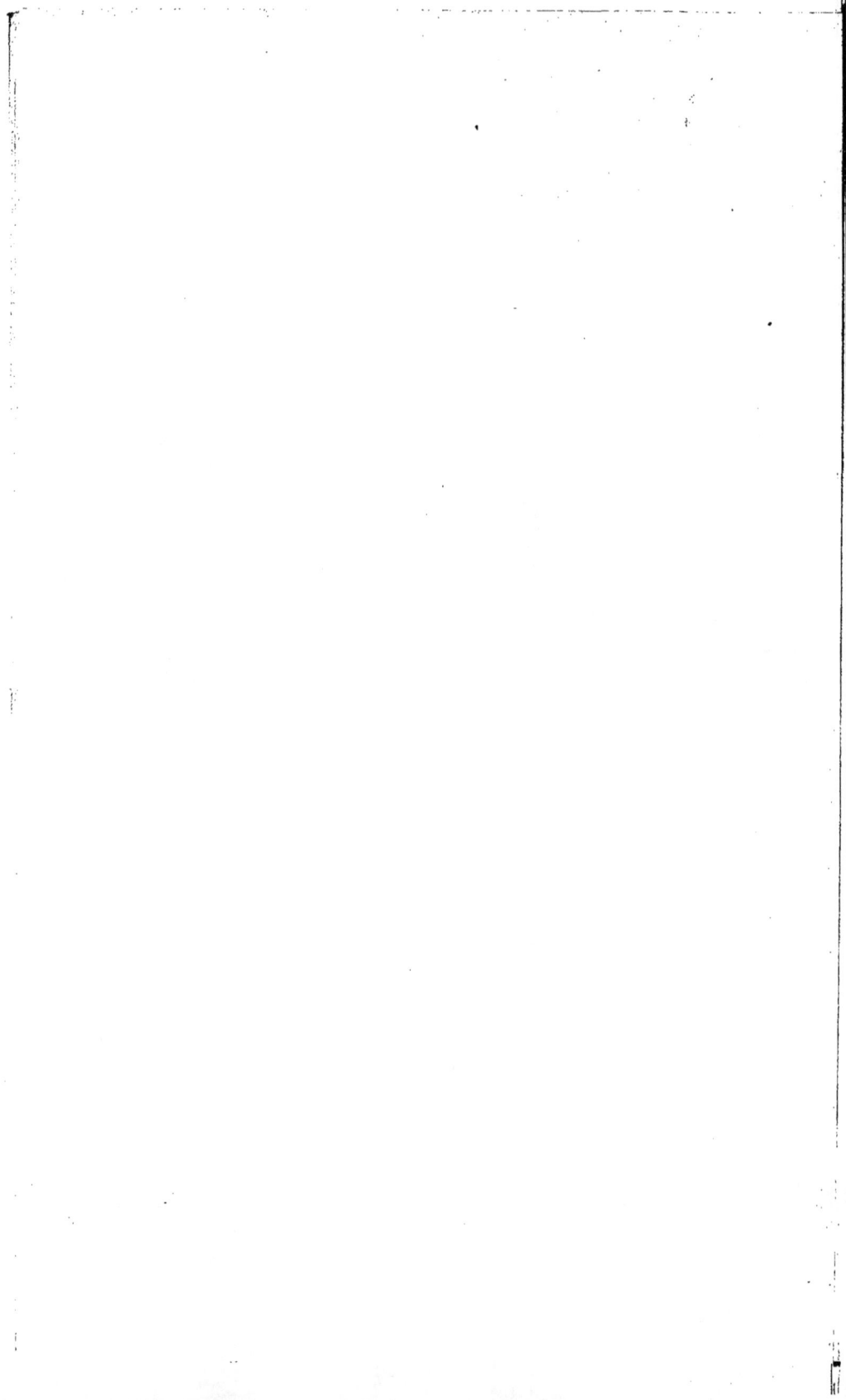

Pl. 21.

Pl. 21.

fig. 76.